U0181559

# 逐日之路

## 人造太阳点亮能源梦想

马明义◎编著

科学出版社

北京

图书在版编目 (CIP) 数据

逐日之路：人造太阳点亮能源梦想 / 马明义编著. —北京：科学出版社，2020.3

（中国梦·科学梦）

ISBN 978-7-03-062888-6

I.①逐… Ⅱ.①马… Ⅲ.①热核聚变－普及读物 Ⅳ.① TL64-49

中国版本图书馆 CIP 数据核字（2019）第 242295 号

责任编辑：徐　烁 / 责任校对：贾伟娟
责任印制：师艳茹 / 内文排版：楠竹文化

编辑部电话：010-64003096
E-mail：xushuo@mail.sciencep.com

科 学 出 版 社 出版

北京东黄城根北街 16 号
邮政编码：100717
http://www.sciencep.com

北京九天鸿程印刷有限责任公司 印刷

科学出版社发行　各地新华书店经销

*

2020 年 3 月第 一 版　开本：720×1000　1/16
2020 年 3 月第一次印刷　印张：11
字数：123 000

定价：68.00 元

# "中国梦·科学梦"丛书编委会

序

　　新时代的"中国梦"就是要实现中华民族伟大复兴，这就是中华民族近代以来最伟大的梦想！

　　2019 年 11 月 1 日是中国科学院成立 70 周年的日子，科技报国七十载，科技支撑强国梦。尤其是 1978 年召开全国科学大会后，中国科学院一代又一代的科学人努力拼搏，奋战在科研第一线。

　　70 年，追梦科学，岁月如歌。中国科学院始终与祖国同行，与科学共进，劈波斩浪，艰苦创业，不忘初心，服务社会，报效国家，取得了辉煌的成就，在共和国发展史上写下了不朽的篇章。

　　围绕新中国成立以来所取得的重大科技成就，围绕一些重大科技成果的科技史、科技人物进行科普创作，通过展现科学家的探索、拼搏精神和他们在奋斗过程中的故事，让大众了解我国前沿科技事业的发展，了解国家的科技自主创新之路，振奋国人自强、自立的精气神，这是一件有意义的事情。基于此，在中国科学院科学传播局的支持下，由中国科学院离退休干部工作局牵头，中国科学院老科学技术工作者协会组织的"中国梦·科学梦"丛书项目从 2017 年初开始启动，2017 年 7 月老科学技术工作者协会召开选题会，同年 12 月，召开讨论会提出明确的撰写要求，同时开始组稿工作。

组稿工作得到了中国科学院众多研究院所的积极响应，不少同志都表达了写作意愿，有些作者还是已退休的老同志。可以说，这一次的组稿和完稿汇集了很多中国科学院科研工作者的心血。最终根据选题的要求及完成时间的要求不得已进行了取舍，确定了 7 个选题进行最后的创作。

"中国梦·科学梦"丛书以"深空""深地""深蓝"三大领域为主线，以中国科学院 70 年科技创新内容为核心，同时以涵盖 70 年来主要的科技成就为"抓手"，撰写科技人物的杰出贡献，以及科技成果中蕴含的科技知识，通过有趣的故事介绍科学攻关中科学家的敬业、创业、探索精神，希望能让人们了解中国科学院为我国科技事业的发展所做的重大贡献，同时也丰富读者对前沿科学的认识，增强对科学的热爱与向往之情，以及对祖国科技创新发展的自豪感，激发他们投身科学事业的热情。

新一轮科技革命正孕育兴起，党的十八大以来，习近平总书记多次强调要传承和弘扬中华优秀传统文化。当今，各项事业正走向高速发展，国家对科技事业提出了更高的创新要求，我们肩负着国家和人民的期望，任重而道远。接下来，我们的"科学梦"还要立足当下，不断努力。

"科技兴则民族兴，科技强则国家强"。一个追求科学进步的民族才能大有希望。科学是对未知的探索，需要长期艰辛的付出，追求"科学梦"需要有为理想而献身的精神。把个人的"科学梦"同国家、民族的发展结合起来，作为一个命运共同体，以"科学梦"托起中华民族伟大复兴的"中国梦"，这个梦就一定能实现。

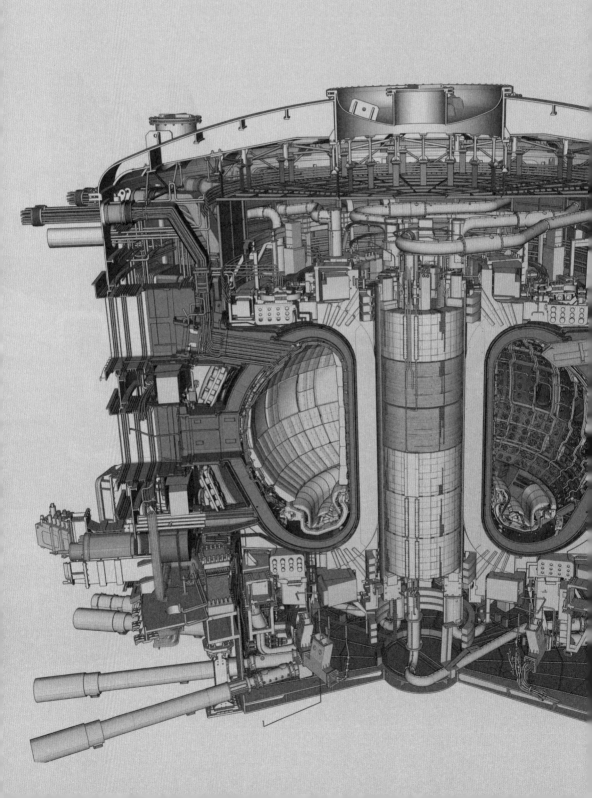

# 01

## 万众景仰的太阳

## 远古传说中的太阳崇拜

太阳是人类在地球上赖以生存的最重要的天体之一。原始社会的先民在与太阳长期共处中观察到，太阳能促进花草树木和农作物的生长、成熟，能给人带来光明和温暖。他们不理解太阳的奥秘，以为太阳具有能使万物复苏、生长的超自然力量，视其为丰产的主要赐予者，因而开始了对太阳的崇拜与赞美。先民还认为，太阳也像人一样，有灵魂，有喜怒哀乐，形成了太阳有灵的观念。在新石器时代前后，人们开始奉太阳为丰产之神、保护之神等。

希腊神话中的太阳神赫利俄斯每天都会乘着四马金车在天空中奔驰，
从东到西，晨出晚没，用光明普照世界

在各民族的传说中，太阳神都是诸神中最为显赫的神灵之一。今天，全

球各大洲都有大型太阳神庙的遗址，也存在着大量关于太阳神的艺术作品和
文字记载。许多关于太阳的传说也广为流传，这些传说表达了人类对太阳的
崇拜、企望、敬畏之情。

印度科纳拉克太阳神庙的主殿用红褐色的石头雕砌而成，看上去犹如太阳神苏利耶驾驶的巨大战车

在中国，早在远古时期就有了让太阳为人类造福的梦想。相传在黄帝的时代，北方大荒的巨人夸父想要把太阳摘下，让太阳听人的使唤。一天，太阳刚刚从海上升起，夸父就从东海边迈开大步开始了他逐日的征程。太阳在空中飞快地游走，夸父在地上疾风一样地追。夸父不停地追呀追，饿了，就摘个野果充饥；渴了，就捧口河水解渴；累了，也仅仅就是打个盹儿。他心里一直在鼓励自己：快了，就要追上太阳了，摘下它，人们的生活就会幸福了。他追了九天九夜，离那红彤彤、热辣辣的太阳越来越近啦！夸父翻过了一座座高山，越过了一条条河流，终于就要在禺谷追上太阳了。可是离太阳越近，太阳光就越强烈，夸父也就越来越感到焦躁难耐，他觉得全身的水分都被蒸干了。于是，他站起来走到东南方的黄河边，俯下身子，喝干了黄河水，接着又走到渭河边，一口气喝干了渭河水，却还是不解渴。他打算向北走，去喝大泽的水。可是，夸父实在太累太渴了，他走到中途时身体就再也支持不住了，慢慢地倒了下去。死后，他的身躯化作了夸父山，他丢弃的手杖化为一片方圆数千里的桃林。

夸父执着坚韧地追求理想，不达目的誓不罢休，这正是我们中华民族艰苦奋斗、勇于进取的精神缩影。

# 太阳对地球的作用

　　每天东升西落的太阳为我们带来光明和热量,生活在地球上的人们对这一切早都习以为常,很少会去认真思考太阳对人类和地球究竟有什么意义。梳理以后,我们可以将太阳对地球的作用归结为以下四个方面。

## 影响地球的地理环境

　　太阳辐射最直接的作用是对地表结构产生影响,如地表岩石的风化和表面水分的蒸发。太阳辐射间接导致了地球上不同纬度地区日夜辐射的差异,使各地获得的热量不同,造成温度差异,通过水、大气在地球表面进行热的输送,从而形成了风、云、雨、雪、雷鸣、闪电等大气物理现象,也让各地有了一天中的冷暖变化和春夏秋冬的季节轮回。

## 让地球上产生了生命

　　46 亿年前,刚形成的地球上没有任何生命体,大气层中也只有二氧化碳($CO_2$)、氮气、水蒸气、硫化氢、氨气等单质和化合物。大量的碳氢化合物正是依靠太阳辐射的能量才得以合成,它们进入海洋后,又在太阳能量的帮助下,一步步合成了由简到繁的多种有机化合物,直至出现核酸、氨基酸、蛋白质等,这就为生命的出现准备了化学基础。直到大约 35 亿年前,地球上才形成了可以自我繁衍的最简单的生命体。

　　最早出现的生物是蓝藻。蓝藻能制造养分并独立进行繁殖,它的叶绿素在太阳光的照射下通过光合作用吸收二氧化碳，释放出氧气，为地球创造了生命进化的条件。蓝藻的出现是生命史上的重大突破。经过几十亿年的进化，地球已成为包括人类在内的各种生物的共同家园，是目前宇宙中已知存在生命的唯一天体。

**是地球生命生存发展的基础**

如今，对于地球上包括人类在内的各种生命体来说，阳光仍是其生存发展的基础。太阳主要的作用是通过植物的光合作用为地球上生命的诞生和生物的进化提供条件。光合作用，就是绿色植物等吸收光能，将空气中的二氧化碳和从根部吸收的水结合，合成有机物并释放氧气的过程。

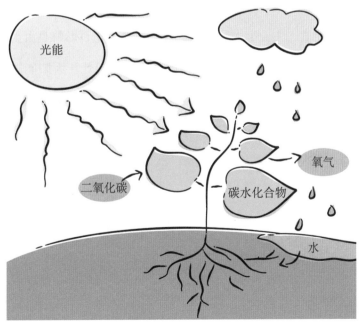

植物的光合作用

## 为人类生产提供能量

在 30 多亿年的进化过程中，地球上曾经存在过难以计数的动物、植物和微生物，它们共同构成了地球生态系统。植物通过光合作用吸收太阳的能量，动物吃掉植物以获取生存必需的能量，动物的排泄物经微生物降解后又转化为供植物生长的肥料。植物吸收二氧化碳，释放氧气；动物吸收氧气，释放二氧化碳。生命体之间相互依靠，共同生存。它们以植物的光合作用为基础，将太阳辐射到地球的能量转化成有机体中的化学能，在地球上保存下来。复杂生命出现后，地球上发生过 5 次大型生物灭绝事件和若干次小型生物灭绝事件。生物灭绝事件造成大量的动植物被掩埋在地下，经过久远的时间，形成了地球上的化石燃料——煤、石油和天然气等。

太阳就以这种方式为地球上的生命提供了生存的条件，也为人类的生产和生活提供了能量。工业上大量使用的煤、石油等化石燃料是由太阳能转化来的，被称为"储存起来的太阳能"。此外还有太阳灶、太阳能热水器、太阳能干燥器、太阳房、太阳能发电、太阳能电池等，都是对太阳能的直接使用。除直接使用的太阳能以外，地球上的水能和风能也来源于太阳。

# 太阳的真面目

经过几千年的观察研究，人类已经对太阳有了比较清楚的了解。

## 俯瞰太阳

太阳位于太阳系的中心，我们生活的地球是太阳系的八大行星之一。按八大行星离太阳由近及远的次序，地球排在第三位。太阳的质量是太阳系总质量的 99.86%，是地球质量的 33 万倍，它以巨大无比的引力主宰着太阳系的运行。

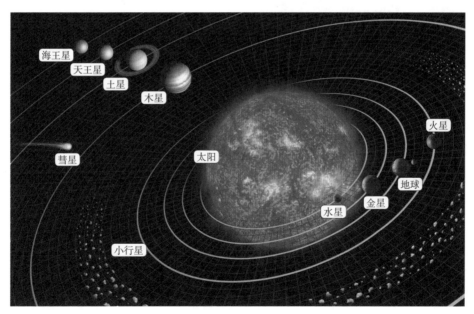

太阳系的构成

科学家用现代技术测量和探索，发现太阳就是一个巨大无比的气体团，其中氢约占 73%、氦约占 25%、其他元素共约占 2%。太阳的中心压力高达 $2.5 \times 10^{11}$ 个大气压。太阳自身在不断"燃烧",中心温度高达 $1.5 \times 10^{7}$K,外表温度也有 6000K。太阳在自身"燃烧"的同时,还一刻不停地以光和热的形式向外传递着巨大的能量。经计算,每年太阳辐射到达地球的能量相当于 $10^{18}$kW·h 电能,是三峡水力发电站年发电量的千万倍!

三峡水力发电站 2018 年的年发电量突破 $10^{11}$kW·h,创国内单座电站年发电量新纪录

**▌知识链接：温度的意义和表述**

物质是由分子组成的,分子处在不停的运动状态中,我们以分子平均动能的大小表示分子运动的激烈程度,以温度作为分子平均动能的量度。我们常使用的温度单位有两个:一个是日常生活中常见的摄氏度,用符号℃表

示；另一个是在科学活动中普遍使用的国际单位开尔文，用符号 K 表示。水的冰点 0℃＝ 273.15K，水的沸点 100℃＝ 373.15K。

## 太阳辐射的是什么

太阳辐照为我们带来了光明。其实，太阳辐射的不仅仅是我们看到的光线，它还不断地向宇宙空间发射比人们看到的可见光种类多得多的电磁波和粒子流。到达地球表面的太阳辐射基本是电磁波。以辐射能量分类，大约 50% 是可见光、5% 是紫外光、45% 是红外光。短波的蓝紫光范围的能量最大。

到达地球的太阳辐射大约有 47% 被地球吸收，19% 被地球的大气层吸收，还有 34% 被反射回太空。

▌知识链接：电磁波 ————————————————————————————————

按频率的大小，电磁波可分为从无线电波到伽马射线的不同波段，它们的基本性质都是一样的。

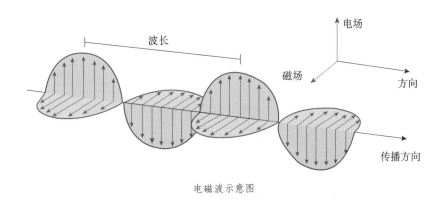

电磁波示意图

电磁波既可以在物质中传播，也可以在真空中传播。太阳辐射的电磁波就是穿过宇宙真空传到地球上的，人们在户外时就能感受到和煦阳光的温暖。

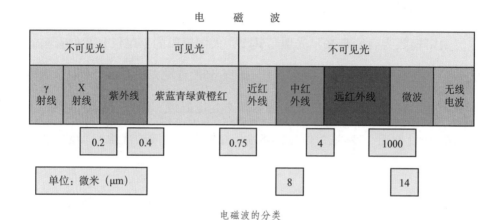

电磁波的分类

## 太阳巨大能量的奥秘

我们知道，正是因为太阳输送给地球的能量才使地球有了生机勃勃的景象，那么太阳的巨大能量又是从何而来呢？这个问题对人类来说一直是一个谜，直到 20 世纪 30 年代末美国物理学家汉斯·贝特（1906～2005）才初步解开其中的奥秘。

贝特根据科学家观察、测量得到的数据，提出太阳的巨大能量来源于太阳内核中发生的质子-质子链反应。贝特推断，在太阳中心，氢原子核在高温、高压的条件下，不断发生每四个氢核结合成一个氦原子核的核聚变反应，释放出巨大的能量。1939 年贝特用加速器把氘原子核加速到极高的速度后，轰击氘原子核靶，实现了氘、氘原子核的融合。两个原子核融合后形成一个新的氦原子和一个自由中子，在这个过程中释放出了 17.6MeV 的能量。太阳的能量来自太阳内部的热核聚变的观点由此得到证实，贝特因此获得了 1967 年的诺贝尔物理学奖。

美国物理学家汉斯·贝特

太阳已经"燃烧"了约 50 亿年，经计算，太阳还可以再继续"燃烧"约 50 亿年。

---

**▌知识链接：元素周期表和同位素** ————————————————————————○

原子的化学性质完全取决于原子核中的质子数，科学家用原子序数来表示原子核中的质子数，并按原子序数的顺序和它的化学性质编制了元素周期表。科学家在地球上已经发现或合成了 118 种元素，地球上的物质都是由这 118 种元素以不同的结合方式组成的。

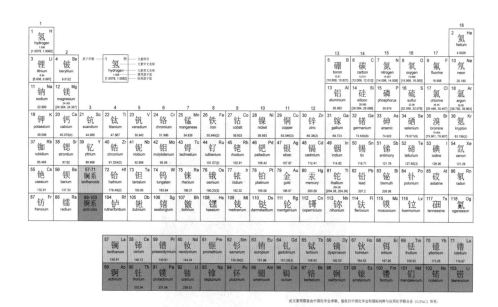

元素周期表

具有相同质子数、不同中子数的元素，在元素周期表中处于同一个位置，我们把它们称为同位素。例如，元素周期表中的第一个元素氢，就有三个同位素，它们分别是氕、氘、氚。氢元素的原子核只有一个质子，氘和氚的原子核中分别还有一个和两个中子。

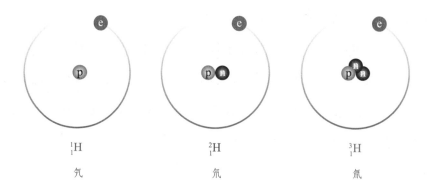

$^{1}_{1}H$ 氕　　　$^{2}_{1}H$ 氘　　　$^{3}_{1}H$ 氚

# 人造太阳的努力

太阳是生命的摇篮,人类的生存更是离不开太阳。那么,我们可否在地球上人为制造一个小的"太阳"呢?

随着人们对太阳的认识的深入和科学技术的发展,在地球上制造"太阳"的梦想有了实现的希望。在科学技术发展的不同阶段,人们先后从三个层次制造"太阳"。一是简单地模仿太阳的照射方式;二是制造能产生完全的太阳辐射电磁波光谱的光源;三,也是最重要的,是模仿太阳产生能量的机制,获取巨大的能量。

## 反射太阳光

德国科学家格尔曼·奥别尔特在 1929 年率先提出了"人造太阳"的设想。奥别尔特提出,把一个巨大的天体反光镜送上苍穹,将太阳辐射光反射到地球上背光的地区,从而形成人工白昼,让冰寒世界告别寂寞的漫漫长夜。但是,要取得良好的空间照明效果,天体反光镜的面积得有几十公顷大才行。科学家计划以拼凑的方法来实现。借助小型卫星,把平面反光板——携带到轨道上,然后在高空同步卫星轨道"工厂"内,集零为整,组装成"太阳"。由于反光镜只是反射太阳辐射光,实际上把它称为"人造月亮"更贴切。

1999 年,俄罗斯曾实施代号为"旗帜"(Znamya)的一系列计划,试图用特制的反射镜从太空将阳光反射到地面,最终因为空间镜面展开时失败,计划被搁置。

目前，在组装人造月亮的核心技术、工程基础材料方面都已经有很高的成熟度。我国科学家计划在 2022 年发射 3 颗人造月亮，它们将"悬挂"在距地面 500km 以内的低地球轨道上，其最大光照强度将是现有月光的 8 倍。3 个人造月亮交替运行，可实现对地表 3600~6400km$^2$ 的范围 24h 不间断地照射。考虑到大气运动等因素的影响，工作区的实际光照度大致相当于夏季的黄昏时刻。人们能感受到的人造月亮的光照度为路灯光照度的 1/5 左右。人造月亮可以做到指哪打哪、亮度可调。在人造月亮运转期间，人们仰望夜空，只会看见一颗格外明亮的星星，而不是大家想象中的一轮圆月。

在地面上，类似的工作也在进行，2013 年挪威在靠近北极圈的留坎镇海拔 870m 的山顶上，竖起了三面 28m$^2$、可随太阳转动的巨大反光镜。在每年

挪威留坎镇的"人造太阳"

9月至次年3月没有太阳直射的日子里，留坎镇的3000多位居民可以在镇中心广场上感受冬日里温暖的阳光。

## 像太阳一样发光

1666年英国物理学家艾萨克·牛顿（1643～1727）从剑桥大学毕业，回到他母亲的农场躲避伦敦流行的鼠疫，其间进行了有趣而惊人的光学实验。他布置了一个暗房，让一束光线从窗帘的缝隙中射进来，并使这束光线通过棱镜折射到一个屏幕上。他惊异地发现，经过棱镜折射的光线变成了一条像彩虹似的光带，并按红、橙、黄、绿、蓝、靛、紫的顺序排列。牛顿通过实验证明，七种颜色存在于白光之中，白光仅仅是这七种颜色的合成色。后来，牛顿还用一个凸透镜把七色光合成了白光，进一步证实了太阳的白光是由七色光混合而成。

英国物理学家艾萨克·牛顿

德国物理学家约瑟夫·冯·夫琅禾费（1787～1826）于1814年发明了分光仪，太阳光通过分光仪分光后，太阳光谱上有一定数量的黑暗特征谱线，这些线被称作夫琅禾费线。夫琅禾费对太阳光进行分析后发现在太阳光的光

德国物理学家约瑟夫·冯·夫琅禾费

谱中有 574 条强度不一的黑线，对应着 574 种频率的电磁波。人类第一次对太阳辐照到地球表面的光线有了较为清晰的了解。

了解了太阳辐射到地球表面的电磁波的波谱后，照明行业的工程师一直致力于研制能发出与太阳光一样光谱的光源。20 世纪 60 年代后发展起来的氙灯有非常接近日光的光谱和极大的发光强度，被称为"人造小太阳"。它可以作为模拟日光的光源，在植物栽培、光化反应、布匹织物的颜色检验，以及药物、塑料的老化试验等方面使用。氙灯发出的光强度很高，一盏 50kW 的氙灯所发出的光强度相当于 1000 盏 100W 的日光灯，或 90 盏 400W 的高压汞灯。氙灯被广泛用于广场、体育场、飞机场、车站、大型建筑工地、露天煤矿等场地的大面积照明。

德国航空太空中心于 2017 年 3 月建造了由 149 盏短弧氙灯组成的人造太阳模拟发射器"融光"（Synlight）系统。这堵巨型蜂窝状"灯墙"宽约 16m，高近 14m，灯光投射到 20cm×20cm 的聚焦平面上，产生的辐射强度约是同等面积日光辐射强度的一万倍，温度最高可达 3000℃，是高炉温度的 2～3 倍。搭建 Synlight 系统的目的是探索开发利用太阳光生产氢气的最佳装置。

氙灯组成的"人造太阳"Synlight 系统

## 像太阳一样造能

1938 年美国科学家贝特发现了太阳巨大能量的来源以后，人们认识到尽管我们不可能像夸父想的那样把太阳从天上摘下来，但我们能够仿照太阳发光发热的机制，在地球上人造太阳。如果制造出能像太阳一样造能的人造太阳，就能彻底解决人类生存发展的能源需要，避免因人类生产使用能源造成的污染。有了人造太阳，人类再也不用担心能源问题，即使我们的地球母亲"寿终正寝"，人类或许也有能力移民到其他星球继续生存发展。

为人类提供永世不竭的清洁能源这一伟大梦想激励着现代"夸父"在逐日之路上努力奔跑。现在，几代科学家经过了约 70 年的努力，竭尽人类掌握的各种先进技术，终于找到了可能实现核聚变能利用的方法，人造太阳的曙光已出现在地平线上！

1985 年苏联领导人戈尔巴乔夫和美国总统里根在日内瓦峰会上倡议，由美国、苏联、欧盟和日本共同启动国际热核聚变实验堆（International Thermonuclear Experimental Reactor，ITER）计划，建造一个可维持"燃烧"的核聚变反应堆。2006 年 11 月欧盟、中国、印度、日本、韩国、俄罗斯和美国在法国签署了 ITER 联合实施协定，决定共同实施 ITER 计划。实施计划中的建设投资约为 70 亿欧元，相当于 500 多亿元人民币，建成以后的运行试验还需要花费约 70 亿欧元。欧盟承担 49% 的费用，其他六国各承担 9% 的费用。

ITER 计划在 2001 年完成设计，设计方案集中了参加各国在前期实验中开发的最先进的技术。整个计划已经在 2006 年启动，实验堆有望在 2020 年开始运行。

国际热核聚变实验堆设计图

ITER 计划是目前全世界最大的科学合作项目，它将是第一个能在地球上模仿太阳发生的核聚变反应并稳定输出能量的装置，它的实施在全世界引起了很大反响。"人造太阳"这个响亮的名号已经成了 ITER 计划专用的代名。几乎所有具备一定规模的核聚变实验装置都曾被称为人造太阳。其实，到目前为止，所有的实验装置都还只是为了验证核聚变能利用中的一个或几个技术、理论问题而设计的。每一个实验装置的研究成果都是人造太阳探索中的一项进展，都为人造太阳的成功研制提供了某种根据。实际上，只有商用核聚变能发电站正式发电，我们才能说人类实现了核聚变能的和平利用，人造太阳才算是真正出现在了地球上。

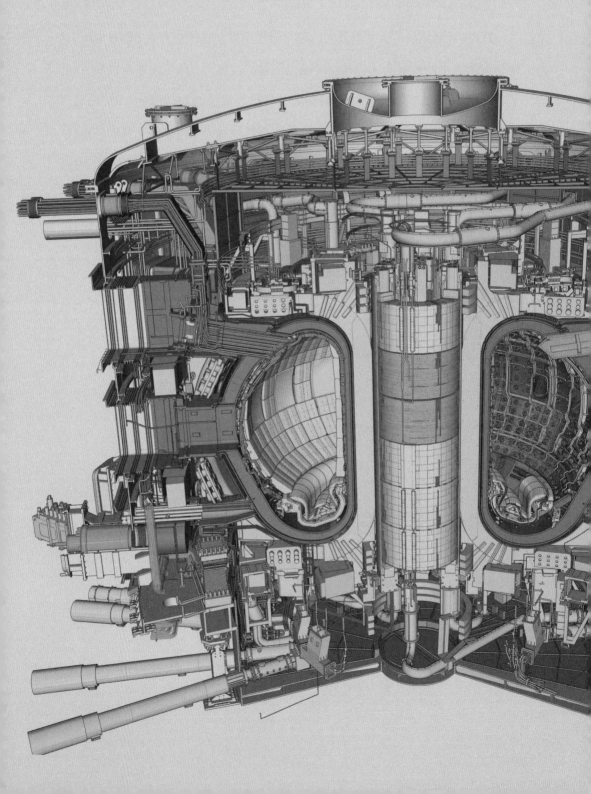

# 02

能量和能源

## 能量对人类的意义

ITER 计划是人类为仿造太阳产生能量所做的巨大投入，人类花这么大的力量主要是为了彻底解决生存、发展对能量的需求问题。

人类从吃饭、呼吸等维持生命的基本活动到生产、娱乐等各项活动都离不开能量。人类的发展缺少了能量是万万不能的。

回顾过去，我们发现人类利用能源的历史也就是人类认识和征服自然的历史。人类利用自然界能源的能力越高，社会经济就发展得越快。能源是社会经济发展的"火车头"，每一种新能源的出现都会引起人类文明的大发展。

18 世纪前，人类使用的动力主要是人力、畜力、风力、水力等自然力，我们在博物馆里看到的犁、锄头、车辆、风车、水磨等就是前人使用能源的工具。虽然人已经学会用火，但以木材为代表的自然资源主要仅用于燃烧，燃烧时将化学能转化成热能。人类文明彼时仍处于比较低的农耕畜牧阶段。

1785 年英国发明家詹姆斯·瓦特（1736～1819）制成的以煤为燃料的改良型蒸汽机投入使用，把人类带进了大规模生产的工业化时代，煤炭资源也由此开始在全球范围内被大规模开采和利用。

英国发明家詹姆斯·瓦特

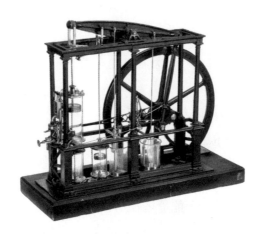

瓦特发明的蒸汽机模型

19世纪40年代，随着发电机、电动机的发明和推广，人类对能源的利用开始过渡到电力时代。电灯、电车、电钻、电焊机等电气产品如雨后春笋般涌现出来。电力、钢铁、铁路、化工、汽车等重工业兴起，石油成为日益重要的能源并促使交通业迅速发展，世界各国间的交流更加频繁，逐渐形成一个全球化的政治、经济体系。

遍布全球的输电网

电力动车组

今天，世界已经进入信息科技时代，宇宙航行，甚至星际移民都已在人类的考虑之中，人类对能量的消耗也逐年增多。据统计，2015 年全球消耗的能量已约达 $2 \times 10^{10} t$ 标准煤（$1.4 \times 10^{10} t$ 原油）的热值。

## 人类面临能源危机

目前人类使用的能量主要来源于太阳输送给地球的能量。太阳辐射所产生的直接的自然能源有热能、水能、风能和动植物的化学能等。储藏在地下的煤、石油、天然气等化石燃料也是被储存起来的太阳能。

能源是能够提供能量的资源。18 世纪以前，人类文明处于比较低的农耕畜牧阶段。太阳直接带给地球的能量已经能完全满足人类生存生产的需要，还有相当多被积存下来。19 世纪初，进入大规模生产的工业化时代以后，人类社会的经济发展不断实现新的跨越，对能量的使用也日益增多。这些能量主要是从石油、煤炭、天然气等化石能源中获得的。化石能源是古代生物几亿年来所固化的太阳能，对人类而言不可再生。经过人类二百多年来的开发与使用，这些化石能源已趋向枯竭。根据英国石油公司 2011 年的权威统计，如果按照当前的能源消耗状况发展下去，世界上的石油探明储量可供开采约 40 年，煤炭资源探明储量可供开采约 200 年，天然气探明储量可供开采约 60 年。

20 世纪 50 年代，人们成功地把通过核裂变取得的核能转化成电能，第一次使用了不是由太阳带来的能量。遗憾的是，地球上现有的核裂变原料最多也只够人类使用 1000 年。人类现在掌握的能源并不能满足未来发展的需要。

## 能量藏在哪里

为了解决能源危机，人类需要寻找新的能源。从哪里能获取新的能量呢？我们首先需要知道能量藏在哪里，才有可能把它开发出来，从而满足人类生产、生活的需要。

爱因斯坦曾做过形象生动的比喻：只要能量没有向外放出，就观察不到，这好比一个非常有钱的人，如果他从来不花费也不供给别人一分钱，那么就没有谁能说出他有多少财产。

虽然我们不能直接观察到能量,但我们知道能量无处不在,并且不能脱离物质及物质的运动而单独存在。我们只要知道"钱包"在哪里,也就是能量藏在哪里,就有可能找到方法把"钱"(能量)取出来。

科学家通过观察和实验证实,所有物质都有能量。按能量释放时物质的结构状态变化分,能量有三类存在方式。一是在能量转移过程中,物质的分子和原子构成没有变化,表现为机械能和电磁能。二是在能量转移过程中,物质的分子组成发生了变化,表现为化学能。第三类是核能,在其能量转移过程中物质的原子结构发生了变化。我们日常接触的物质都集这些能量于一身。就像一个人在身上里里外外藏了几个"钱包",最外面的是最容易掏出来的"钱包",装的是机械能、电磁能,大家熟悉的各种风能、水能、热能、电能都在这个"钱包"里;藏得比较深的"钱包"装的是化学能,煤炭、石油、天然气通过燃烧及各种放热化学反应释放的能量就在这个"钱包"里;藏得更深的是装着大资金的核能"钱包",里面有核裂变能和核聚变能。

让我们具体看看这四个"钱包"里的情况。

## 机械能

机械能又分为动能和位能两种形式。

(1)动能是物质运动存在的能量

组成物质的分子处在不停的运动状态,带有动能。物体里分子运动的能量在宏观上表现为热能。宇宙中运动的天体、地面所有运动的物体都具有动能。各种风能、水能、声能都是不同物体运动的能量表现。

利用风能的风车

（2）位能是物体在万有引力（包括重力）、弹性力等势场中因所在的位置不同而具有的能量

宏观物体之间存在作用力，也就存在位能。位能的大小和物体相对位置有关，一般也把它称作势能。因相互作用力的性质不同，分别称为引力势能、重力势能和弹性势能。水力发电站就是把高位置水的重力势能转为动能，驱动发电机，再转换成电能。

**电磁能**

电磁能是以电磁波方式传输的能量。我们已经广泛使用的太阳能、电能都属于这种能量。

频率是电磁波的重要参数。我国日常用的电能就是通过频率为 50Hz 的电磁波传输的电磁能。微波、可风光、X射线和γ射线都是可以在空间中直接传输的电磁波。

带电粒子运动时会发出能量。电磁能依靠延着导线传输的电磁波向前传输，形成通常说的电流。

工业上和家庭中用的微波是电子在产生微波的发生器中以300MHz以上的频率反复振动时发出的能量。另一种普遍存在的电磁能是物质分子、原子在热运动时发出的，它的频率取决于热运动的平均速度，也就是物质的温度。我们根据物质发出的电磁波频率就能知道它的温度。

▌知识链接：与物体温度相关的特征电磁波 ─────────────○

所有的物质都在运动中，温度是对物质分子运动能量的宏观表示，同一温度下物质分子运动的平均动能是相同的。科学家发现任何物体都辐射电磁波。1893年德国物理学家威廉·维恩（1864~1928）通过对实验数据的分析，总结出与物体辐射本领最大值相对应的波长λ和温度的乘积为一常数，即物体辐射的电磁波的波长和它的温度是一一对应的。

温度为300K的日常物体所辐射的电磁波都处于人眼看不见的远红外波段。能发出可见光的物体的温度在1100~2300K。核聚变等离子体温度高达$10^8$K，它辐射的电磁波主要处于γ射线波段。

物体的这个性质已经得到了广泛的应用，与我们生活联系最密切的是电子体温计。红外热成像技术也普遍用于军事、安全防火、医学、气象、宇航、工业等方面。

德国物理学家威廉·维恩

物质状态发生变化时也会辐射电磁能。同一种物质的分子、原子或原子核，由于内部带电粒子的运动状态不同而有着不同的能量。就像两个同样静止的石球，一个在地面，一个在高处，静止时它们都是一样的，但如果在地面上放一块玻璃，原本放在地面的石球滚到玻璃上不会引起任何改变，高处落下的石球却会把玻璃板砸得粉碎。这是由于高度不同，地球引力给了两个同样的石球不同的能量。与此类似，同样的分子、原子或原子核也会处在不同的"高度"。物理学家发现这个"高度"不是连续的，而是阶梯状的，他们把这个阶梯称为能级。当一个分子、原子或原子核从高能级状态变动到低能级状态时，它就以电磁波的方式将两个能级间的能量差辐射出去。原子核各能级之间的能量差最大，分子各能级之间的能量差最小，原子各能级之间的能量差介于上面两个能量差值之间。分子在能级间变化时辐射的是低能级的红外线到紫外线。原子在能级间变化时辐射到了 X 射线范围。原子核在能级间变化时辐射的是 γ 射线。每一个分子、原子或原子核的能级数量和大小是固定的，也是各不相同的。它们从高能级状态变动到低能级状态时辐射的电磁波的频率也各不相同。科学家把一种物质发出的

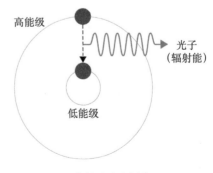

能级跃迁示意图

所有的电磁波的频率称为该物质的特征线光谱，科学家正是根据对太阳辐射的光谱分析，得出了太阳上的物质主要是氢和氦的结论。

## 化学能

化学能是我们现在使用最多的能源。化学能是原子或分子结合成新的化合物分子时释放的能量。

分子结合能是分子聚集成物质时的结合能。大量的分子能聚集成宏观物质是因为分子间存在着一种力，它的大小随分子间距离的变化而变化，一般表现为引力，在分子间距离小到一定量时又表现为排斥力。为了纪念发现这种力的荷兰物理学家范·德·瓦耳斯（1837～1923），我们称其为范德瓦耳斯

荷兰物理学家范·德·瓦耳斯

力。范德瓦耳斯力决定了分子聚集的结合能大小。不同的物质及不同结构的同一物质，范德瓦耳斯力的大小各不相同。正是这种差别造成了在同样的自然条件下，物质的形态各不相同。

同样的物质由于分子结合的方式不同，便有了不同的物理状态。例如，高硬度的金刚石和柔软滑腻的石墨都是由碳元素组成，但由于结构不同，它们的外观、密度和熔点相差很大。

同样的物质又因为分子之间结合的紧密度不同，出现了固体、液体和气体三种不同的形态。

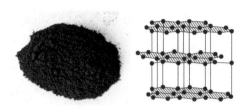

石墨和它的分子结构图　　　　　金刚石和它的分子结构图

物质的形态或者结构发生变化时都会释放或吸收能量。太阳对地球地理环境的影响主要是通过水的形态变化而转化和传递能量。

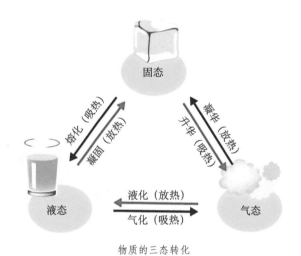

物质的三态转化

原子间结合的作用力通称为化学键。不同物质的化学键大小不同，但一般都比范德瓦耳斯力大 10～100 倍。

## 知识链接：四种基本作用力

能量是物体做功本领的量度。物体做功离不开力。科学家发现，在我们已经认识的自然界中只有四种基本作用力：引力、电磁力、弱相互作用力和强相互作用力。

引力是任何两个有质量的物体之间存在的吸引力。电磁力是带电荷的粒子之间的作用力，又称库仑力。同种电荷之间的库仑力是排斥力，而异种电荷之间的库仑力是吸引力。强相互作用力和弱相互作用力是原子核内各种基本粒子间的相互作用力。库仑力比引力大几十亿倍，而强相互作用力又远远大于库仑力，弱相互作用力小于库仑力。物理能、化学能、核能相互转化做功的力，都是这四种力中的一个或几个的合力。

科学家对这四种力的作用都有着精确的数学描述。但是，这四种力是怎么产生的，科学家现在还不清楚。


物质的化学性质取决于组成它的分子和原子的结构。由同种元素构成的物质被称为单质，如氧气、氢气、氮气等，单质都是无机物。由不同种元素构成的物质被称为化合物，化合物中的无机物一般结构比较简单，品种也较少。主要由碳氢分子构成的有机化合物则种类繁多，且往往结构复杂。单质与化合物都是由原子间的化学键将原子组合成分子而来的。

光合作用是植物将太阳的辐射能转变为化学能储存在化合物中，既保障了植物的生长，又为动物与人类储存了能量。所有放热的化学反应，如石油、煤炭燃烧都会改变分子的结构，从而获取人类生存发展所需的能量。

## 核能

分子由更小的粒子——原子组成，而原子又是由原子核和电子组成。除氢以外，原子核是由带正电荷的质子和不带电的中子组成，原子核的外围存在与质子数一样多的电子。

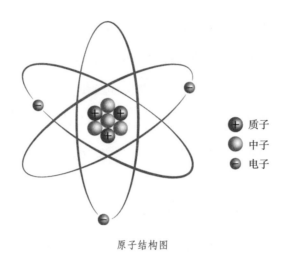

原子结构图

核能是质子、中子结合成原子核时的结合能。不同的原子核，结合能大小是不同的。科学家发现，一个原子序数大的原子核分裂成两个或更多的小序数原子核时释放出很大的能量，两个原子序数小的原子核聚合成一个大序数的原子核时也会释放出巨大的能量。

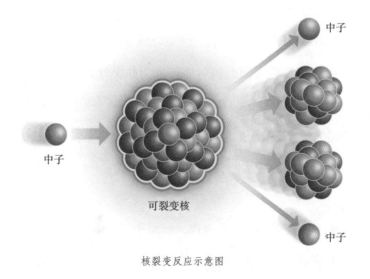

核裂变反应示意图

人类现在已经利用的核能是核裂变能，核聚变能的可控利用目前还在研究之中，本书要为大家讲述的就是科学家为利用核聚变能所做的努力和成果。

**知识链接：物质与反物质**

科学家从理论和实验层面都证实：每一个物体就是一个能量的集结，能量的大小是和物体的质量大小成正比的，质量越大，这个物体集结的能量就越大。爱因斯坦给出了它们之间的数量关系：物体的能量 $E$ = 物体的质量（$m$）× 光速的平方（$c^2$）。

科学家已经用实验证实了这个质能方程的正确性。一个电子和一个正电子（带一个正电荷的电子）相遇后，两个电子都没有了，它们转化为和它们质量等同的具有相应能量的光子（辐射能）。科学家把这个过程叫作湮

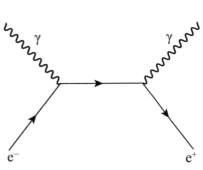

一个电子和一个正电子对撞
发生湮灭而转化为一对光子

灭。质子与反质子（带一个负电荷的质子）相遇同样会发生湮灭。湮灭产生的能量是巨大的，也是目前我们所知的单位质量物质含能量最高的存在。芝麻粒大小（约 100mg）的反物质就可以完全代替现在航天飞机巨大的燃料箱和推进器中的燃料。一粒平常药片那么大的反物质湮灭产生的能量足以让一艘宇宙飞船行驶数百光年。有了这样大动力的飞船，人类就有可能在宇宙的星球中随意穿梭。

科学家设想宇宙中可能存在完全由反粒子构成的物质，也就是反物质，甚至设想我们所生活的世界中的每一个物体，都有一个由反物质构成的与之对应的物体。科学家一直在努力寻找反物质，但目前得到的反物质只有正电子和负质子。

## 万能的电能

19 世纪 70 年代人类发明了发电机和电动机，并开始生产电能，人类对能源的利用进入电力时代。电能实际上是工频波段的电磁能，具有优良的使用性质，从而得到了广泛的应用。人们在获得其他能源时，也将它们转换为电能来使用。

首先，电能在使用方面的优点体现在人们能方便地实现它和其他能量的转换，即大多数能量都能转换为电能。火力发电站是将煤、石油的化学能转换成电能，风力、水力、核能、太阳能发电站是将机械能、核能、辐射能转换成电能。

其次，电能可以低损耗、方便地从一个地点传输到另一个地点。现在发电、送电的设备和技术都已成熟，几乎所有有人的地方都有把电能送到千家万户的输电网。

火力发电站

风力发电站

核电站

太阳能发电站

最后，电能可以在任何时间被储存，并在任何时间被使用。大家熟悉的电瓶车、电脑、手机和各种使用电池的电器都是可以随时充电或接上电池就能使用的功能性设备。

## 神秘的宇宙大爆炸

我们知道了能量的种种表现形式，明白了能量对人类的重要意义，也发现了能量的藏身之处。在想办法把能量挖掘出来供人类使用的同时，我们自然就会问，能量是从哪里来的呢？

科学家早就发现能量的总量是保持不变的，能量既不会凭空产生，也不会凭空消失。物质的一切变化都伴随着不同种类能量之间的转化。植物在太阳光照射下，通过光合作用将太阳的辐射能转化成化学能，才得以生长；人、畜劳动时将化学能转化为机械能；蒸汽机将热能转化为机械能，满足生产需要；汽车、轮船、飞机通过燃烧汽油将化学能转化成机械能，实现自身的运动；宇宙中日月星辰的运动，地球上的地动山摇，是机械能的动能和势能之间转化的结果。人类的生活离不开能量，食物提供了人生存所需的能量。工厂的机器、五花八门的家用电器和手机等通信设备都需要消耗电能。

既然能量不会凭空产生，那么宇宙中的能量又是从哪里来的？现代宇宙学中最有影响的学说"大爆炸理论"认为，宇宙是在 138 亿年前由一个致密、炽热的奇点的大爆炸形成的，奇点中包含现在宇宙的所有能量。爆炸以后，宇宙急剧膨胀，温度降低。随着温度降低，在四种基本力的参与下，宇宙中首先产生了光子、正负电子、夸克，随后产生了中子、质子、反质子和中微子，再其后依次形成了原子核、原子、分子、气态物质，并逐步凝聚成密度较高的气体云块，最终形成今天宇宙中的恒星和恒星系统。

大爆炸发生 90 亿年后生成了太阳，随后太阳星云的一部分分别形成了水星、金星、地球等太阳系的星球。地球上的能量除了形成地球的那一部分气体云团是本身自有的以外，其余的都来自太阳。

宇宙所有的能量都来自大爆炸时的能量，那大爆炸时的能量又是从哪里来的，怎么产生的呢？和已知宇宙中存在四种基本作用力一样，目前科学家还只知道它的存在和性质，对于其来源还一无所知。而且，大爆炸形成的天体和星际气体的常规物质能量只占大爆炸时能量的 4.9%；还有 26.8% 表现为暗物质，即知道它是物质，但不知道究竟是什么，也不知它在哪里；其余的 68.3% 为暗能量，科学家完全不知道它是一种什么能量，只知道它正在推动宇宙加速膨胀。

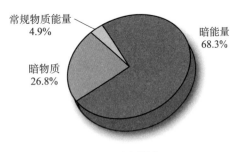

宇宙能量比例图

宇宙还有许多的奥秘等待我们去探索！

# 解决能源危机的出路

面对能源危机，人类一方面在积极地探索和勘察地球的可用资源，另一方面也在加强对现有能源的利用。目前，水能、风能、太阳能、地热能、潮汐能、核能等能源的开发利用已成为化石能源的有效补充，人类社会已经进入多能源时代。水能、风能和太阳能是由太阳的辐射能转化而来的，地热能是地球内部未冷却的热能，潮汐能是其他星球和地球的作用所产生的能量，理论上可以认为它们都是取之不尽的。但受多种条件的限制，人类还只能有限地开发它们，难以大量使用。这些方式获取的能量对于人类发展的需要仍是杯水车薪。

积极寻找新的可替代能源是人类持续发展的迫切需求，也是彻底解决能源危机的唯一出路！

理论上，最理想的办法是找到反物质，通过湮灭反应获取能量。通过反物质湮灭获取能量以解决人类能源问题的想法虽然很好，科学家也在探索寻找反物质，但实现它需要的时间完全不可预期。远水解不了近渴！

直接获取质量能暂时也做不到，我们自然想到了结合能中单位质量物质含能量最高的核结合能。事实上，人类已经在使用核能，但目前使用的是核能中单位质量物质含能量比较低的核裂变能。我们提到的核能发电站都是核裂变反应的发电，它的原料是铀235。在天然铀中，铀235的含量只有0.72%。目前全世界的铀储量只够人类使用70年。核能中单位质量物质含能量较高的核聚变能，它的原料——氘在地球上的含量十分丰富。氘是氢的同位素，其在地球中的含量是氢含量的 1/7000。氘和氧的化合物 $D_2O$ 就是重水，海水中的氘主要以重水的形式存在，全球海水中就含有约 $4.5 \times 10^{13}$ t 氘，足够人类使用上百亿年。

开发使用核聚变能是目前彻底解决人类能源问题的最有可能的有效出路！人类对核聚变能利用的研究已经进行了 70 余年，科学家预计在 2050 年以前就能实现核聚变能发电。

# 03

神奇的
核聚变能

# 核能的发现和证实

## 从经典力学到现代物理学

艾萨克·牛顿在 1687 年发现的牛顿运动定律和万有引力定律大家都耳熟能详。牛顿以此建立了经典力学体系。经典力学引领了此后三个世纪物理世界的科学观点，并成为现代工程学的基础。直到今天，人造地球卫星、火箭、宇宙飞船的发射升空和运行轨道的计算都仍以经典力学为理论根据。

  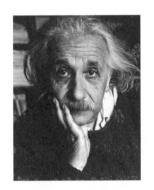

艾萨克·牛顿　　　　　　马克斯·普朗克　　　　　　阿尔伯特·爱因斯坦

19 世纪晚期，随着物理学的发展和人类观察手段的进步，科学家在观察尺度小于原子的微观世界和速度接近光速的高速运动物体时，发现了许多经典力学解释不了的现象，200 多年来权威的牛顿经典力学体系遭到了严重的质疑。这些发现激励了科学家对物理理论进行更完整的研究，促使物理学在 20 世纪 20～30 年代得到飞跃式发展。1900 年德国物理学家马克斯·普朗克提出量子论。随后，在玻尔（丹麦物理学家）、薛定谔（奥地利物理学家）、海森堡（德国物理学家）、德布罗意（法国物理学家）、爱因斯坦（犹太裔物理学家）、玻恩（德国物理学家）、泡利（奥地利物理学家）等一大批科学家的共同努力下，在1926年形成了比较完整的量子理论。量子物理学很好地解释了当时观察到的所有亚原子尺度的物理现象。1905年爱因斯坦创立了相对论，解释了高速运动状态下的各种物理现象。在量子物理学和相对论的基础上形成了现代物理学。现代物理学成功地解释了当时人类观察到的所有物理现象。

1927年10月，全世界最顶尖的物理学家集结在第五届索尔维会议，
参会的29位物理学家中有17位是诺贝尔物理学奖得主

在观察对象的大小处于宏观尺寸范畴，以及物体运动速度远小于光速时，现代物理学与经典力学得到的结论完全一致。经典力学的局限性给我们的启示是没有绝对的真理，真理都有各自的适用范围。经典力学的局限性并没有影响牛顿在人类科技史上最具影响力的地位。

## 巨大的核结合能

爱因斯坦从相对论的思想出发，在 1905 年提出了著名的质能方程 $E=mc^2$（$E$ 代表能量，$m$ 代表质量，$c$ 是光速）。质能方程从理论上指明了开发核能的方向。

科学家发现每个原子核的质量都小于组成它的同数量的中子和质子的质量和。例如，碳 12 的原子核中有 6 个质子、6 个中子，碳 12 原子的质量是 12 个原子质量单位，但质子的质量是 1.0073 个原子质量单位，中子的质量是 1.0087 个原子质量单位，6 个质子和 6 个中子的质量总和是 12.216 个原子质量单位。也就是说，6 个质子与 6 个中子构成碳原子核后，质量减少了 0.216 个原子质量单位，科学家把这种质量减少现象称为质量亏损。

质子、中子在结合成原子核时产生质量亏损，亏损的质量到哪里去了呢？质子、中子结合后，除了结合产生的原子核以外，没有其他实物存在。亏损的质量只能是转化为能量释放了，释放的能量的大小就是这个原子核的结合能的数值。因为存在核结合能，原子核内的核子才不会自动

质量亏损示意图

分离开来。1 个原子质量单位等于 $1.6605 \times 10^{-27}$kg，根据质能公式只可转化为 $1.5 \times 10^{-10}$J 的能量，似乎微不足道，但物体中的原子核数目庞大，总的核结合能是巨大的。计算表明原子核结合能的值比类似的化学反应能要高亿万倍。1g 质子组成氦原子核所产生的能量相当于 $10^7$L 汽油燃烧产生的热量！

我们自然会想到，如果我们能用核子组成元素，不就可以得到高能量了吗？遗憾的是，地球上基本上没有自由的核子存在。

## 巧取核结合能

我们没有办法通过直接将核子组成元素来获取核结合能，那么能否从已有元素中"挤出"核结合能而为人类所使用呢？

科学家对每一种元素的原子核结合能做了精密的测量。发现每种元素原子核的核结合能的大小是不一样的，组成原子核的核子个数越多，它的核结合能就越高。这个结果是自然的，也是在意料之中的，但这对我们获取核结合能没有直接的意义。

科学家进一步计算了原子核中每个核子的平均结合能，也就是将各个元素的原子核核结合能除以组成这个原子核的核子个数，科学家称这个数为比结合能。比结合能的大小反映了元素的稳定性，比结合能大的元素更稳定。

科学家按原子核中包含的核子数从小到大排列，比较比结合能，发现了一个有趣的规律：质量数最小的氢的同位素氕的比结合能最低，此后比结合能数值很快增大，到质量数为20的氖元素后变成缓慢增大，到质量数为56的铁元素后达到最大，之后比结合能便随着质量数的增大而持续缓慢减少。科学家以铁原子核为界，质量数低于它的称为轻核，高于它的称为重核。

科学家从这个规律中发现了从原子核反应中释放部分核结合能的可能性。当重核原子裂变成两个或多个原子时，生成的原子的核结合能总和会大于原来重核原子所具有的核结合能。其间的差值便会以热能的形式释放出来，这导致重核裂变反应可以释放能量。反之，当几个轻核原子结合时，合成的原子核的核结合能大于原本所有原子核结合能之和，这种核聚变反应也会释放能量。虽然释放的能量只是反应前后两种核的核结合能之差，它比原子的核结合能要小很多，但它还是比任何化学反应释放的能量要大千万倍！这告诉我们，通过重核的核裂变反应和轻核的核聚变反应都可以获得巨大的能量。

从寻找新能源角度来说，我们需要解答的问题就是这样的核反应在现实中能发生吗？如果能发生，人类能不能控制和利用？20世纪以来，核科学家一直在寻找这个问题的答案。到20世纪30年代末，科学家用实验验证了核裂变和核聚变的存在。

## 核裂变的发现

核裂变的发现归功于德国科学家奥托·哈恩和犹太裔女科学家莉泽·迈特纳。1938年流亡在斯德哥尔摩的迈特纳，收到她在德国时的合作伙伴哈恩的来信。哈恩在信中描述了中子作用于铀时，发现作用后的产物是具有放射性的钡。迈特纳为了验证哈恩的说法，重新做了实验，发现的确如此。她用中子轰击铀原子后，被轰击的铀分裂成了两半，得到了许多β放射性核素，在产物中还发现了钡。迈特纳于1939年4月提出核裂变概念，解释了哈恩的实验结果。她还根据爱因斯坦的质能方程预言：1个铀核裂变成1个钡核和1个氪核时，会释放出$3.2 \times 10^{-11}$ J的能量，这个能量是等量的常见物质燃烧释放的化学能的几百万倍。核裂变的概念奠定了原子弹和原子能利用的基础。迈特纳因此被称为"原子弹之母"。

莉泽·迈特纳和奥托·哈恩在实验室（1909）

哈恩和迈特纳都是坚定的和平主义者，他们都担心核裂变被某些人用作武器危害人类。哈恩不愿让纳粹政权掌握原子能技术，拒绝参与任何相关研究。为了纪念奥托·哈恩，德国于1988年创立了奥托·哈恩和平奖。奥托·哈恩和平奖是继诺贝尔和平奖后的又一项和平大奖，主要表彰在废除核武器等和平运动方面有突出贡献的人。迈特纳则一生致力于和平利用原子能，第二次世界大战期间她一直留在中立国瑞典，多次拒绝了美国向她发出的参加制造原子弹的曼哈顿计划的邀请。

在德国的哈恩迫于纳粹政权的压力，否认了迈特纳在发现核裂变工作中的作用，独自领取了1944年的诺贝尔化学奖，迈特纳对此给予了理解。1994年5月国际纯粹化学与应用化学联合会通过了一项决议，把第109号元素命名为Meitnerium（元素符号为Mt，中文为䥑），以纪念这位伟大女性对科学事业作出的巨大贡献。

### 核聚变的发现

前文中提到，美国物理学家汉斯·贝特用高压静电粒子加速器在高真空管道中把氘原子核加速到极高的速度，并用高速的氘原子核轰击氚靶，实现了两个原子核的融合。融合反应发生后形成了一个新的原子核——氦和一个自由中子，此反应同时释放出了 $2.8 \times 10^{-6}$J 的能量。贝特用实验证实了核聚变的存在，且这一反应会释放出巨大的能量。

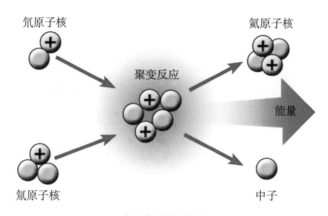

氘氚核聚变示意图

# 原子弹和原子能发电站

虽然科学家已经发现了核聚变和核裂变反应，并且证实了在发生核聚变和核裂变时会释放巨大的能量，打开了利用原子能的大门，但问题是怎么产生核反应和使用核反应释放的大量能量呢？

**核裂变发生的条件**

科学家发现重核中只有铀、钍和钚的原子核能发生核裂变。核裂变发生的条件相对简单。以铀235为例，一个中子就可以引起铀235核的裂变。中子撞上铀235核，铀235核就裂变成2~3个原子核，同时放出2~3个中子，这些中子有可能会引起其他铀235发生核裂变。只要反应材料中铀235核的浓度足够高，每次裂变后放出的2~3个中子中有1个以上能遇到新的铀235核，裂变反应就会不断地进行下去。我们把这种反应叫作链式反应。能和铀235核碰撞的中子数越多，裂变反应就越激烈。

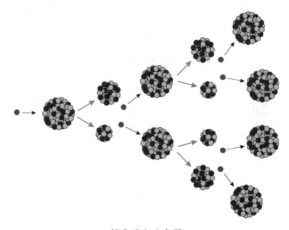

链式反应示意图

**原子弹**

"原子弹之母"迈特纳提出核裂变概念后不久，第二次世界大战爆发。参战各方都开展了关于核能如何应用在军事上的研究，美国于1945年率先研究成功。

原子弹里装有高纯度的核裂变材料和一个中子源，将核裂变材料分成几个部分，分散放在弹内。核裂变材料每一部分的体积都很小，以保障在爆炸前不会发生链式反应。引爆时，引爆装置快速将核裂变材料集中到中子源周围，链式反应随之剧烈发生。核裂变产生的巨大能量会造成强烈的爆炸，爆炸带来的光辐射、冲击波、早期核辐射和电磁脉冲会造成瞬间的极度破坏，随后的放射性污染则具有超强的长期破坏性。

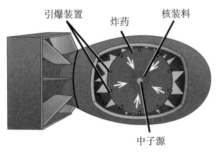

原子弹构造示意图

"小男孩"原子弹

1945 年 8 月美国将两颗原子弹——"小男孩"和"胖子"分别投到日本的广岛和长崎，这两个城市瞬间成了废墟。其后遗性破坏甚至延续到 70 多年后的今天。

## 原子能发电站

原子弹的效果是破坏性的，我们更需要将核裂变能用于人类的生产和生活中。要实现原子能的和平利用，就要控制链式反应的速度，使核裂变输出的能量转化成人类可使用的能量。科学家很快就发明了裂变核电站，这种核电站的关键设备是核反应堆，它相当于火力发电站的锅炉，核燃料就在核反应堆中"燃烧"。反应速度的控制通过反应堆里由硼和镉等易吸收中子的材料制成的控制棒来实现。控制棒相当于火电站的鼓风机，调整控制棒，改变反应堆中发生链式反应的中子数量，以控制核燃料在核反应堆中的"燃烧"速度。反应产生的高速运动的中子、带电离子携带反应释放的核能对外辐射。反应堆的专用吸收剂通过将高速运动的粒子减速、吸收，使其携带的反应能转变成吸收剂的热能，再将吸收剂的热能传递到蒸汽发生器中，使发生器里的水产生蒸汽，再通过汽轮机、发电机转变为电能。现在全世界的核能发电使用的都是核裂变反应堆，一般称为原子能发电站，或者直接称为核电站。

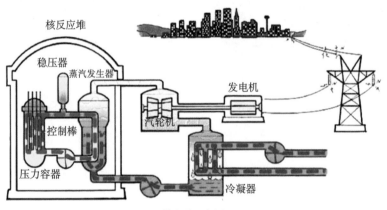

核电站示意图

核裂变反应释放的能量是裂变前重核的核结合能和裂变产生的核总结合能的差。这种能量远远高于现在大量使用的石油、煤等的化学能释放的能量。1g铀235（一粒芝麻大小）中的铀核完全裂变时释放出的核能相当于1.8t石油完全燃烧释放出的能量。原子能发电厂所使用的燃料体积小，运输与储存都很方便。一座装机容量为$10^6$kW的发电厂，如果通过燃烧石油发电，一年的石油燃料要用10万多个火车油罐运输，如果用原子能发电，一年只需要

30t 的铀燃料，一航次的飞机就可以完成运送。同时原子能发电不会像化石燃料发电那样排放巨量的污染物质到大气中，不会造成空气污染。

大亚湾核电站

**不必"谈核色变"**

与火力发电相比，核裂变发电的优势很明显。但核裂变发电和核放射紧密相关，核污染是人们十分担忧的问题。核电厂的"炉渣"是放射性废料，虽然数量不多，体积也不大，但现在还没有较好的处理办法，只有用"水泥棺材"封闭以后长期掩埋。一座核电站的寿命约 30 年，退役核电站的厂房设备都会有残留的核辐射，它们的放射性没有"炉渣"那么强，但数量庞大，处理起来也比较困难。

人们最担心的还是它的安全性，核电站的反应器内有大量的放射性物质，如果在事故中释放到外界环境，会对生态及民众造成长期的伤害。自1954 年 6 月世界第一座原子能发电站在苏联开始发电以来，全世界前前后后发生了十余次大小核事故。其中以1986年4月的苏联的切尔诺贝利核电站（现乌克兰境内）爆炸事故和2011年11月的日本福岛核电站事故最为严重。核事故造成的人员伤亡、财产损失和生态环境的严重污染及破坏，使人们"谈核色变"。因此，原子能发电站的建设常常遭到反对。60余年来，核发电站的建设经历了几起几落的过程。

"石棺"封闭的切尔诺贝利核事故4号反应堆

"谈核色变"和一些人不乘坐飞机的情况类似，尽管地面交通工具的事故率比飞机还要高，但一些人还是因心理畏惧而拒绝乘坐飞机。其实核电站的建设、运行控制技术，特别是安全保障技术已经十分成熟和完善，核电事故已经基本可以避免。法国在这方面走在了世界的前列，法国核设施的安全性、可靠性与透明度在全世界处于领先地位。法国现在运行的59座核反应堆，没有任何一座发生过重大事故。法国全国超过80%的电力供应依靠核能。

核电站建设经过几次起伏后，人们对核电站有了比较全面的了解，对建设核电站已经基本接受，近年来核电站的建设在世界范围内得到了长足发展。现在全球在运行的核电站有 500 多座，发电量占全球总发电量的 18%。2010 年以来，我国的核电站发展迅速，截至 2018 年初，已有核电机组 56 台，其中在运行的有 38 台。国家计划在 2030 年前再建 100 座核电站。

## 核聚变发电的诱人前景

科学家相继发现核裂变和核聚变反应以后，预见核能发电比化石燃料发电有明显的优越之处，而核聚变发电又比核裂变发电更优越。

首先，核聚变燃料的能量密度比核裂变燃料的能量密度更高，核能发电需要的燃料大大减少。以效率最高的燃煤发电厂——上海外高桥发电厂为例，它的装机容量是 $5 \times 10^6 \mathrm{kW}$，每年要烧 $7 \times 10^6 \mathrm{t}$ 煤，全年运煤需要 120 万节火车车厢。如果用核裂变代替煤电，一年只需要 4.5t 铀；如果用核聚变发电，一年只需要 3t 的重水，用一辆卡车就可以解决。

其次，核聚变发电不排放污染物质，也不释放会产生温室效应的气体，特别是还不产生放射性的废物，对地球环境完全没有污染！产生核聚变反应的条件非常苛刻，核聚变发电站在运行时，任何的设备故障、操作失误都会破坏聚变反应发生的条件，导致反应终止，但绝对不会爆炸。核聚变发电站的安全性正是它的主要优越性之一。

核聚变能的优越性表明它是人类可利用的高效、理想的清洁能源。此外，地球上的核聚变燃料非常丰富。1L 海水中约含有 30mg 氘，核聚变反应产生的能量相当于燃烧 300L 汽油产生的热能。这就是大家所熟知的说法：核聚变能利用成功以后，1L 海水就相当于 300L 汽油！

核聚变能利用的成功实现，可以从根本上解决人类发展的能源问题。打造一个像太阳一样能通过核聚变反应输出能量的人造太阳，已成为全球共同追求并可在数十年内实现的主攻能源目标。

## 核聚变反应的高"门槛"

核聚变反应产生的能量巨大，发生的条件也十分苛刻。这是因为核聚变是两个带正电的轻核碰撞融合到一起的过程，由于两个核带的都是正电荷，所以相互之间有库仑排斥力。库仑排斥力和核的距离的平方成反比，距离越小，排斥力越大。这就要求轻核的运动速度要足够大，且运动方向要完全准确。

轻核在做相对运动时，由于排斥力的作用，其向前的速度会越来越小，如果轻核的运动速度不够大，两个轻核在碰撞前就会停止向前运动，然后就会反向运动，互相远离。两个轻核碰不到一起，当然就不可能发生核聚变反应了。经过估算，要让两个氘核碰到一起，它们的相对速度最低也要达到

20km/s。汉斯·贝利是用粒子加速器把少量的氘核加速到这个速度，才实现了核聚变反应。如果轻核存在在自由状态的粒子团中，要实现核聚变反应，粒子团中核的运动也必须要达到这么高的速度，用温度表示的话，粒子团的温度要达到 $10^8K$。

同样由于库仑排斥力，速度足够大的两个轻核必须正面碰撞，才能聚集在一起发生核聚变反应，稍微有一点偏差，轻核就会拐弯离开。原子已经很小了，氢原子的直径还不到 $1/10^6$mm，也就是说，书里一页纸的厚度就大约为 200 万个氢原子的直径之和。原子核更是小得多，如果把原子比作足球场，那原子核就如同足球场上的一只蚂蚁那么小。在宏观条件下，轻核在做无序运动，能对准正面碰撞发生反应的机会就很小。要使核聚变反应连锁发生，则发生反应的粒子团中的轻核的纯度和密度都要很高才行。

实现核聚变反应的条件就是让反应轻核相互对准、高速碰撞，大量的碰撞同时发生就能释放出巨大的能量。实现了这些，我们就跨过了获得核聚变能的"门槛"。

## 毁灭性的核聚变——氢弹

科学家想到了利用原子弹的巨大能量创造出满足核聚变反应的条件。在核聚变的原料里放一颗小的原子弹，先引爆原子弹，借助原子弹爆炸后产生的冲击波引起连锁核聚变反应。利用这个方法，美国在 1951 年成功引爆第一枚氢弹，苏联、英国、中国、法国等国家也成功地进行了氢弹的爆炸试验。

一枚氢弹就足以摧毁一座千万人口的大城市

1961 年 10 月 30 日，苏联在北冰洋新地岛群岛西岸的上空试爆了名为"沙皇炸弹"的试验氢弹。沙皇炸弹在人类至今所制造的所有种类的炸弹中，不管是体积、重量还是威力，都是最强大的。沙皇炸弹的威力约为第二次世界大战末期美国投掷于广岛的"小男孩"原子弹的 3846 倍。爆炸后的蕈状云宽达近 40km，高达 60km（接近珠穆朗玛峰海拔的 7 倍）。爆炸产生的热辐射让远在 170km 以外的人受到 3 级灼伤，爆炸的闪光造成远在 220km 以外的人的眼睛感到剧痛与灼伤，甚至是出现白内障及失明。距离测试地点 55km 的某处，所有木质或砖造的房屋全部被摧毁。核聚变反应释放的能量如此巨大，一枚氢弹就足以摧毁一座千万人口的大城市！

# 核聚变能发电能实现吗

氢弹的作用是破坏性的。一个严重的问题摆在了科学家的面前：我们能不能将核聚变反应产生的巨大能量用来为人类造福呢？

20世纪50年代以来，几代科学家经过约70年的努力，竭尽人类掌握的各种先进技术，终于找到了可能实现核聚变能利用的方法。不久的未来，我们将有望用上核聚变反应产生的电能！

# 04

**人类逐日的
历程**

# 太阳的持续核聚变是怎么发生的

现在我们已经知道，太阳是主要由氢、氦元素组成的一个大球体，但氢、氦元素在太阳上和在地球上存在的状态不一样，地球上的氢、氦元素以气体状态存在，密度很低，而太阳上的氢、氦元素以极高密度的等离子体状态存在。太阳能不断地向外辐射巨大的能量是因为其内部发生着持续的核聚变反应。科学家已经证实太阳内核核聚变反应区的体积是地球体积的 2 万倍，其中不断发生着氢原子核结合成氦原子核的核聚变反应，在这一反应过程中会释放出巨大的能量。太阳内核的温度约为 $1.5 \times 10^7 K$；压力约为 $2.5 \times 10^{11}$ 个大气压；氢核密度高达 $150 g/cm^3$，远远高于地球上任何固体的密度。在这样的高温下，氢核运动的平均速度在 18km/s 以上，这样高的速度确保两核在正对相撞时，足以克服库仑力而融合到一起发生核聚变反应。高压造成内核中的氢核粒子密度极高，确保有足够多的氢核正对相撞。这样的环境保障了核聚变反应的持续发生。反应释放的巨大能量使太阳像燃烧的火球般不断地向外辐射能量。科学家确认太阳已经"燃烧"了约 50 亿年。根据太阳现有的氢含量，可知它还可以继续燃烧约 50 亿年。

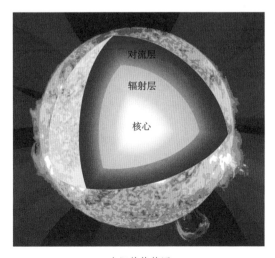

太阳结构简图

对流层
辐射层
核心

# 人造太阳怎么造

太阳上发生核聚变反应是因为强大的万有引力造成太阳内核部分的氢核处于高温、高密度状态,保障了核聚变反应的持续发生。核聚变能是人类可利用的高效、理想、永不枯竭的清洁能源。人类不可能在地球上制造出太阳内核的环境,那么要想利用核聚变能,也就是通常说的研制人造太阳,就一定要找到能在地球上实现"燃烧"的轻核和创造能保证轻核持续燃烧的工作环境。

## 人造太阳的工作方式

要从核聚变反应中获取能被人类使用的能量,反应就不能像氢弹爆炸时发生的核聚变一样,只产生一次性强烈的反应。我们需要核聚变反应持续地发生,稳定地向外释放能量。核聚变反应产生的能量是以反应产生的原子核和中子的动能,以及电磁辐射能的形式出现的。我们没有办法直接利用这样的能量。科学家设想,像火力发电、核裂变发电一样,核聚变能的利用也可以通过控制核聚变反应将其释放的能量转化为热能,然后仿照现在的发电站,采用已经十分成熟的技术设备将热能转化为电能。

但是,核聚变能发电站也不能像现有的热电站、核电站一样连续工作。这首先是因为在地球上无法实现能持续进行的核聚变反应。研制人造太阳的科学家就是在创造实现核聚变反应的条件,并努力延长核聚变反应的持续时间。但是,到目前为止,发生核聚变反应最长的时间也不到1000s。其次是

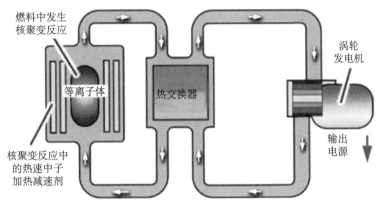

核聚变能利用方法

因为将反应产生的能量转化为热能的材料（图中的中子加热减速剂）要能耐住高能中子的轰击，而现在还找不到能满足长期工作需要的实体材料。最后是因为要建造并维持能发生核聚变反应条件的各种反应堆需要很多持续供应的电能，如此高电能的产生和输送都十分困难。科学家在设计各种人造太阳时，都是采用断续状的工作方式，也就是反应堆工作发生反应后，每次只持续较短的时间，随后即停止一段时间，再进行下一轮工作。

各种聚变反应堆在每次工作开始时都需要将大量的电能迅速地加到相关设备上，快速形成核聚变反应发生的环境条件。科学家通俗地把每一次工作（实验）过程叫作"放电"，把放电过程中产生的等离子体的存在时间称为"放电时间"。

现在，聚变反应装置的放电时间已经从最初的几秒种发展到了分钟级的水平。但是，即使是计划要建造的能发电的聚变反应堆，设计的放电时间也不超过20分钟。这样，人造太阳就不像天上的太阳一样日夜发光发热，而是一闪一闪地间断式发光发热，每次发光发热的时间最长也只有十几分钟。

### 人造太阳的"燃料"

人造太阳是在地球上模仿太阳上的核聚变反应从而输出巨大能量的装置。核聚变反应都能释放巨大的能量。可以发生核聚变反应的轻核有很多种，太阳上发生的是四个氢核融合成一个氦核的聚变反应，那在地球上研制人造太阳该选择哪一种核聚变反应呢？由于氘在地球上的储量很丰富，我们首先想到的是氘-氘聚变。实现了对氘-氘聚变反应的控制，人类的能源问题就可以解决了。但科学家发现，实现氘-氘聚变反应的条件相对较高，而在可能采用的核聚变反应中，氘-氚聚变反应产生的条件最低，也就是最容易实现。实现氘-氘聚变反应，等离子体的温度要达到 $5 \times 10^8 K$，而实现氘-氚聚变反应，等离子体的温度只要达到 $10^8 K$ 即可。科学家选择氘和氚作为目前核聚变能研究实验装置的"燃料"。早期的氢弹采用的就是氘-氚聚变反应。

氚是氢的不稳定同位素，它自动地放射电子，变成氦原子核。氚衰变得比较快，不能长时间保存。在地球的自然界中，氚的含量极少。人工制造的氚是地球上最昂贵的物质之一，1 克氚的价格超过 30 万美元，比黄金还要贵上万倍。在生产上使用这么贵的原料显然是无法接受的。幸好科学家发现锂被中子轰击之后会发生裂变，产物是氚和氦。科学家在设计的氘-氚反应堆中，利用反应产生的中子轰击锂靶产生氚，就可以使反应堆持续"燃烧"。虽然地球上锂的储量比氘少得多，但也有 2000 多亿吨。用它来制造氚，产生的氚的量足够人类用至解决氘-氘聚变发电这一技术难题的时候。

**"点火"的标准和条件**

核聚变发电站的聚变反应堆相当于火力发电站的锅炉。在核聚变反应堆研究中也使用了一些生活生产中的俗语，"点火"就是一个常用的概念。我们先看看一般锅炉点火的意思。要让一个烧煤的火炉工作，我们首先要用一些纸、小劈柴等低燃点的材料将煤加热到能燃烧的温度，使煤开始燃烧，并能够使其他煤燃烧，实现炉子内煤的连续燃烧，这个过程被称为点火。核聚变反应堆中"燃烧"的是轻核，"点火"就是通过"放电"使足够数量的轻核发生聚变反应，再利用前面反应产生的能量使其他轻核发生聚变。每次"放电"后，在聚变反应持续发生的时间内，当反应堆输出的能量达到"放电"消耗的能量时，我们就说反应堆实现了"点火"。

研究核聚变堆的基本目的是从核聚变反应中得到能量，也就是说核聚变反应产生的能量要高于最初耗费的能量。核聚变能研究中把反应产生的能量与投入的能量之比称为能量增益因子，通常用 $Q$ 表示。核聚变研究的首要目标就是实现"点火"，也就是使 $Q=1$。

英国物理学家约翰·劳逊在 1957 年提出了著名的劳逊条件，也就是核聚变反应堆的"点火"条件：在等离子体温度高于最低反应温度的前提下，产生核聚变的等离子体的轻核密度 $n$（$m^{-3}$）、等离子体存在时间 $\tau$（s）和温度 $T$（K）三个数相乘的三重积要高于一个数值。不同核聚变反应所要求的最低反应温度和三重积值是不同的。

对于氘-氚聚变，需要满足的条件是轻核的温度 $T>10^8$K，同时三重积 $n \times \tau \times T \geqslant 3.5 \times 10^{28} m^{-3} \cdot s \cdot K$。

劳逊条件是很容易理解的，聚变反应就是两个轻核对撞融合的过程，聚变反应能够发生的基本条件是轻核的运动速度要高到能够克服两个核之间的库仑斥力，还需要两个核精准地正面对碰。显然，反应区轻核密度越高、每次"放电"反应区维持的时间越长，能够正面对碰的轻核就越多，聚变发生率就越高。

劳逊条件给我们指明了实现核聚变能应用的努力方向，但其要求非常高，科学家做了很多的尝试和努力。

## 人造太阳成功的标准和条件

"点火"意味着在一次"放电"中实现了能量投入和产出的平衡。我们建设核聚变发电站的最终的目的，也即人造太阳成功的标准，是从核聚变反应中获取的能量高于为产生和维持核聚变反应耗费的能量，有增加的能量供人类使用。人造太阳的真正有效，是要在去除诸如原材料氘和氚的提取、核聚变发电站的建设与维护等生产成本后，还有能量输出。核聚变反应堆每次"放电"的工作时间很短，要达到成功的标准就要使核聚变反应堆能不断地进行"放电"。这就像在玩一个增值游戏，我们每次往装备里投入 100 个游戏币，就能挣 10 个游戏币。但是，10 个游戏币用处不大，我们只有不停地玩才能积累足够的游戏币。我们想多得到游戏币，一方面要提高装备的效率，每玩一次就能多挣一点；另一方面要持续玩并增加单位时间内玩的次数。核聚变能发电站每次"放电"的条件很高，"放电"后需要对装置做一定的清理维护，因此单位时间内的"放电"次数是有限制的，也就是单位时间内玩的次数是有限制的。我们只有在实现"点火"的目标以后，进一步提高 $Q$ 值，也就是提高每次放电的能量收益。经初步估算，核聚变发电站生产的电能最低要达到运行消耗能量的 10 倍，也就是 $Q$ 值要大于等于 10 才能实现有效的能量产出。理想的反应堆 $Q$ 值要达到 30 以上，做到这一点，我们才可以说实现了研制人造太阳的目标。

## 人造太阳的两个研究方向

地球上没有也制造不出像太阳一样利用万有引力发生核聚变反应的条件，人们只有寻找其他的途径。地球上所有的物质在温度达到 10000K 时就已经全部进入了等离子体态。人造太阳工程首先面临两个问题，一个是把轻核加热到 $10^8$K 的反应温度，另一个是制造出能容纳如此高温的等离子体的容器。由于没有能装等离子体的实物容器，就只能靠外力将发生核聚变的等离子体控制在一个固定的空间内，科学家把这种控制叫作"约束"。也可以将劳逊条件中的 $\tau$ 看作约束时间。

▌知识链接：物质的第四态 ───────────────────────────────

我们日常见到的物体表现为固体、液体和气体三种形态。物质有三种状态是因为分子之间的距离不同。固体状态时分子之间的距离最小，气体状态时分子之间的距离最大。在这三种状态下，物质内部都是所有分子一起运动。当温度升高到一定程度时，分子之间的作用力不能将不同元素的原子核约束在一起，元素的原子核也约束不住它周围的电子，物质就成了由带正电的原子核、带负电的电子和中性粒子组成的一团均匀的"浆糊"。这些"浆糊"中正负电荷总量相等，近似是电中性的，我们把它称作等离子体或物质的第四态。

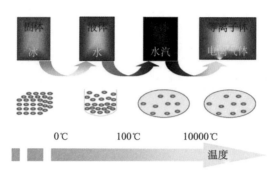

固体 冰　液体 水　气体 水汽　等离子体 电离气体

0℃　　100℃　　10000℃

温度

等离子体是物质的第四态

等离子体是物质最广泛的一种存在物态，目前人类所观测到的宇宙物质中，约99%都是等离子体。火焰上部的高温部分、闪电、大气层中的电离层、极光都是等离子体，荧光灯灯管中的电离气体、电焊时产生的高温电弧和核聚变实验中的高温电离气体都是人造等离子体。

劳逊条件告诉我们要实现核聚变反应堆"点火"，在保障轻核的温度达到$10^8$K的前提下，密度和等离子体存在时间的乘积需要达到一个很高的数值。为了达到劳逊"点火"条件，科学家分别从提高温度和提高密度两个方向研究实现核聚变反应。

科学家研究出多种能把轻核加热到可发生核聚变反应的温度的方法，但加热后需要将发生核聚变反应的轻核等离子体维持一段时间，用高强磁场"编织"的容器来装温度为$10^8$K的等离子体，通过延长等离子体的约束时间来达到劳逊条件。这种方法被称为磁约束核聚变。磁约束核聚变是目前所知的最有可能实现核聚变能利用的方法。

提高轻核密度是达到劳逊条件并产生核聚变反应的另一个研究方向。实际上，氢弹就是通过原子弹爆炸压缩轻核，同时提高它们的温度从而达到发生核聚变反应的劳逊条件。科学家用高功率驱动器（主要有高功率激光驱动惯性约束聚变器、相对论电子束驱动器、轻离子束驱动器和重离子束驱动器）从各个方向同时轰击装有氘和氚气体的小型靶，急剧提高靶内氘核和氚核的密度及温度，以达到核聚变反应的劳逊条件。这种方法被称为惯性约束核聚变。

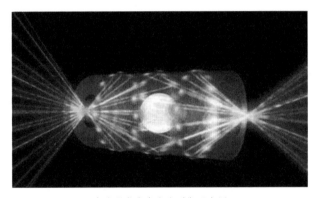

多路强激光轰击小型靶示意图

从 20 世纪 50 年代开始，各国的科学家就沿着这两个方向走上了逐日之路。

## 神光引爆的"微氢弹"

惯性约束核聚变方法中，尽管高功率驱动器输出的能量功率巨大，但也只能将非常小的靶轰击到满足劳逊条件；另外，被轰击的靶发生核聚变后产生的能量巨大，如果靶内轻核含量太大，反应产生的能量将是毁灭性的。在惯性约束核聚变装置中，实际使用的轻核含量只是毫克量级的。惯性约束核聚变装置产生核聚变的原理和现象与氢弹是一样的，所以我们形象地把它称为"微氢弹"。

## 精致的"微氢弹"

苏联科学家尼古拉·巴索夫（1922～2001）与我国核物理学家王淦昌（1907～1998）分别在1963年和1964年各自独立地提出了用激光打靶实现核聚变的设想：强大的激光束产生的强烈冲击波挤压燃料靶丸，靶丸内压力升高，温度也急剧升高，当温度达到"点火"需要的温度时，靶丸里的轻核发生爆炸，产生大量热能，如果保持每秒钟发生10次这样的爆炸，持续不断地进行下去，核聚变反应产生的能量就可以达到百万千瓦级的水平，收集这些能量并进一步将其转化为电能，就实现了核聚变能的和平利用。

苏联科学家尼古拉·巴索夫

我国著名核物理学家王淦昌

早期的激光驱动器输出的能量远远达不到发生核聚变的要求，研究只能在基础理论和实验层次进行。随着激光技术的发展，各国科学家经过对几代装置的研究，已经实现了激光惯性约束核聚变装置的"点火"。

2014年在美国劳伦斯·利弗莫尔国家实验室的国家点火装置（National Ignition Facility，NIF）上，美国科学家用192路激光激发了一次持续十亿分之五秒的猛烈爆炸。核聚变释放的能量超过了燃料吸收的能量，实现了燃料增益，即在某种意义上实现了"点火"。

NIF是个庞大而精致的装置，工程难度之高令人咋舌，它的控制尤其精准。NIF是目前世界上最大的激光装置，可以同时输出192路激光，它的体积庞大，仅激光装置就占了整整3个足球场的面积。NIF的功率巨大，它每次放电的功率（不是电量）是美国整个国家发电厂的功率的500倍。NIF又十分精致，它的核心靶是一个直径只有2mm的小球，里面装有2～3mg的

NIF 直径 10m 的靶室

氘和氚，只有一滴水的 1/20 重。NIF 的单放电时间只有十亿分之五秒，我们知道光的传播速度很快，光子一秒就可绕地球 7 圈半，可是在 NIF 的一次放电时间里它只走了 1.5m。NIF 的控制尤其精准，192 路激光要在万亿分之一秒内同时打到核心靶上，每一束激光的靶面积只有比一个针尖还小的 0.065mm$^2$，这相当于同时将 192 个篮球从北京市投到济南市某一球场上的 192 个篮球框里！

1964 年王淦昌院士提出了用激光打靶实现核聚变的设想后，我国开始对激光惯性约束核聚变的理论和技术进行持续研究。1986 年中国科学院上海光学精密机械研究所建成了"神光Ⅰ"激光装置，该装置成功输出了两路高功率激光。20 世纪 90 年代，激光惯性约束核聚变被列入国家高技术研究发展计划（863 计划）。按照 863 计划的安排，2001 年中国工程物理研究院在四川绵阳建成了"神光Ⅱ"大型固态强激光发生装备，成功输出 9 路高功率激光。2015 年又建成了"神光Ⅲ"高功率激光研究中心。"神光Ⅲ"装置采用

我国"神光Ⅲ"装置的靶室

了国际最先进的高功率激光器驱动技术，共可产生 60 路强激光，轰击燃料靶丸。"神光Ⅲ"的总体规模和综合性能在同类装置中位居世界第三、亚洲第一。"神光Ⅲ"将在 2020 年实现"点火"。

NIF 放电引爆"微氢弹"实现了"点火"，但由于"微氢弹"很小，所以每次放电实际能量收益不大。经计算，要达到实际供应能量，需要每秒放电 10 次以上。目前 NIF 只能做到 5 小时放一次电，与人造太阳的目标相差太远。对于技术和材料方面的困难，目前科学家还没有找到可行的方法。采用惯性约束技术研制人造太阳的希望有些渺茫。

## "微氢弹"的新用途

近年来，各国对激光惯性约束应用研究的兴趣已经转移到武器研制方面。现在的氢弹都是靠原子弹爆炸来引爆的，氢弹爆炸后，会产生严重的长期放射性污染，这个后果令所有人忌惮。采用激光约束引爆技术就可以制造

强激光武器已经在军事上使用

出"干净"的氢弹。如果进一步减少每次燃料的分量，将氢弹小型化，则甚至可以把核武器常规化。另外，强激光武器在现代战争中有着重要作用，一些军事强国已经在军事上和太空中使用它。


# 巧用"磁笼"缚"火龙"


## 温度高达 $10^8$K 的"火龙"

科学家经过分析认为要实现和平利用核聚变能，比较切实可行的控制办法是通过控制核聚变燃料的加入速度及每一次的加入量，使核聚变反应按一定的规模连续或有节奏地进行。由于核聚变反应释放的能量巨大，核聚变装置中的气体密度要很低才行，经计算只能为常温常压下气体密度的几万分之一。我们只能通过提高等离子体的温度，也就是轻核的运动速度，来达到劳逊条件。劳逊条件对等离子体温度的最低要求是高于 $5 \times 10^7$K，但如果将等离子体加热到 $10^8$K，甚至更高，轻核碰撞产生核聚变的可能性将提高很多。科学家在设计人造太阳时，将等离子体温度达到 $10^8$K 作为一个基本目标。

$10^8$K 高温的等离子体像一条全身燃烧的"火龙"，向外辐射巨大的能量。任何实体物质遇到它都会瞬间灰飞烟灭，"火龙"本身也将消失得无影无踪。

## 形形色色的"磁笼"

如果我们把轻核等离子体的温度提高到 $10^8$K，根据劳逊条件，在设计的轻核密度下，反应时间也要长于1000s。我们用什么容器把"火龙"关住1000s以上呢？各国科学家不约而同地想到，轻核在等离子体状态下带正电荷，我们就可以根据带电粒子和电场、磁场的相互作用来控制它的运动方向，从而将它约束在一个范围内。科学家用特别设计的磁场组成约束等离子体的容器，等离子体的带电粒子在容器里可以被电场加热并自由地运动，但当它运动到接近容器壁时，容器壁处的磁场能将粒子推回到容器中去，即用高强度的磁场把高温等离子体约束在与实体容器隔绝的空间中。这个容器只能挡住一定运动速度以下的带电粒子，挡不住中子等不带电的粒子和光子（电磁波）。就像我们用来关鸡、鸭的笼子挡不住更小的动物、水和空气。我们形象地把这个特制的容器称作磁笼。磁笼看不见、摸不着，也不怕高温，在实验装置中把炙热的等离子体托举在与有形的物体隔绝的空中。

▎知识链接：库仑－洛伦兹力

根据经典电子论，具有电荷 $Q$ 和速度 $v$ 的粒子在电场中受到库仑力的作用，正电荷朝着电场的方向加速；在磁场中受到洛伦兹力的作用，电荷朝着垂直于自身速度 $v$ 和磁场 $B$ 的方向弯曲。在核聚变的"炉子"里，用电场加速等离子体中的轻核提高"燃料"的温度；用磁场控制、改变轻核的运动方向，以保障它被约束在一个范围内。

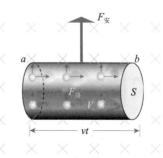

库仑－洛伦兹力示意图（图中电场方向向上，磁场方向向里）

研究初期，科学家设计、制造了多种磁笼。其中大部分磁笼是圆柱形的直筒。直筒形磁笼中最成功的是磁镜（magnetic mirror）装置，即一种中间弱、两端强的特殊的磁场位型。当绕着磁力线旋进的粒子由弱磁场区进入两端的强磁场区时，就会受到一反向力的作用。这个力迫使粒子的速度减慢，然后停下来并被反射回去，被反射回去的粒子返回到中心区域后，又向另一端螺旋前进，到达端口后又被反射回来。粒子就像光在两个镜子之间来回反射，所以称该装置为磁镜。

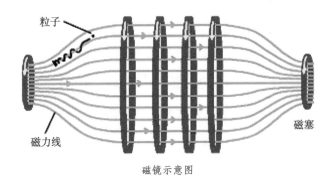

磁镜示意图

苏联库尔恰托夫原子能研究所的列夫·阿齐莫维奇（1909～1973）等和美国物理学家莱曼·斯皮策（1914～1997）发明的磁笼是一个环形容器，它们的形状像一个放倒的轮胎。

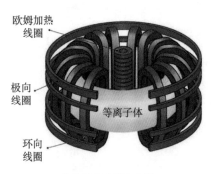

托卡马克磁笼示意图

阿齐莫维奇等发明的装置叫托卡马克（Tokamak），这一名称来源于环形（toroidal）、真空（kamera）、磁（magnit）、线圈（kotushka）开头几个字母的组合音译。托卡马克的中央是一个环形真空室，外面缠绕着三组线圈。放电时欧

苏联物理学家列夫·阿齐莫维奇

美国物理学家莱曼·斯皮策

姆加热线圈激发等离子体产生环形电流；极向线圈和环向线圈在托卡马克的内部产生巨大的螺旋形磁场，它们和等离子体电流产生的磁场共同组成约束等离子体的磁笼。

莱曼·斯皮策发明的装置叫仿星器（stellarator），原意是模仿恒星中核聚变反应的装置，它的中央也是一个环形的真空室，外面缠绕着线圈。它与托卡马克的区别在于仿星器直接通过外部线圈产生扭曲的环形磁笼，

仿星器磁笼示意图

仿星器内不形成等离子体电流，因此它的外部线圈设计非常复杂。

## 桀骜不驯的"火龙"

20世纪50年代，氢弹试爆成功和核裂变能的成功利用给了科学家很大的鼓舞，他们认为对核聚变的控制方面，理论清楚，实现的条件明确。科学

家对在地球上制造小"太阳"，成功利用核聚变能都比较乐观，预期和其他的新技术研究一样，在短时间内就会取得成功。美国和苏联如当初制造原子弹、氢弹时一样，在极端保密的情况下，投入大量人力、物力开展研究，希望率先掌握无限生产能量的技术，在两大阵营的冷战中胜出。

美国和苏联的科学家埋头苦干了十年，分别建造了数十个各类磁约束核聚变实验装置。按形状区分，有直线形和环形两种类型；按设计的等离子体约束时间来区分，则有微秒量级的快过程装置、秒级的准稳态装置和分以上的稳态装置三个类型。

开始，磁约束核聚变研究在生成等离子体、提高温度方面进展顺利。直线形和环形的磁笼中都产生了高温等离子体，甚至发生了热核反应。但是，人们很快发现，高温等离子体是一条桀骜不驯的"火龙"，原先设计的"磁笼"根本关不住。"火龙"除了高温的特点以外，自身还是一个运动的带电粒子团，它也会产生磁场并在磁笼上"拉"开口子，很快就从磁笼中逃逸消失。

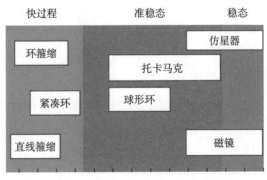

按等离子约束时间区分的磁约束核聚变实验装置

经过十多年的努力，所有实验装置都远未达到当初的乐观期望，劳逊条件似乎遥不可及。人们开始认识到核聚变能利用问题的复杂和研究的艰难。在这种情况下，各国政府意识到保密不利于研究的进展，只有开展国际学术交流才能推进核聚变的深入研究。1958 年秋，在日内瓦举行的第二届和平利用原子能国际会议上，与会各国达成协议，互相公开研究计划，并在会上展示了各种核聚变实验装置。会后，包括中国在内的 30 多个国家都开展了核聚变能的研究。

科学家认识到等离子体有不同于固体、液体和气体的性质，磁笼中的高温等离子体更为复杂，在研究中开始注重等离子体性质的基础研究。各国先后建成了几十个实验装置，研究影响磁约束效果及造成能量损失的各种机理，摸索克服这种不稳定性及能量损失的对策。受当时工程技术水平的影响，这些装置的实验结果都不尽如人意。但是，成功利用热核聚变能打造一个人造太阳，从根本上解决人类能源问题的美好前景，激励着科学家沿着逐日之路持续不懈地奋力攀登。科学家在开展等离子体的形成、性质和运动规律的理论研究的同时，几乎将全球新发现、发明的各种技术手段都用到了人造太阳的研究实验上，终于在 1968 年出现了令人兴奋的结果。

# 托卡马克一枝独秀

## 一鸣惊人的托卡马克 T3

1968 年苏联库尔恰托夫原子能研究所的科学家报告显示，他们在托卡马克装置 T3 上获得了稳定环形离子温度在 $5 \times 10^6$K 以上、电子温度在 $10^7$K 以上的高温等离子体，和 $n\tau = 10^{18}$m$^{-3}$·s 的运行结果。尽管这个结果离劳逊条件相差甚远，但在当时却是受控核聚变研究的一次巨大飞跃。参加会议的其他国家的科学家甚至对这个实验结果表示怀疑。会后英国的研究人员带着自己新开发的诊断设备去苏联，对 T3 放电产生的等离子体进行测量，结果得到的数据比苏联科学家报告的数据还要好。

▎知识链接：电子温度和离子温度 ─────────────────────

物体温度升高到一定程度时，分子不再是组成物质的最小粒子，经典的温度已经没有意义。在这种情况下，我们用组成物体粒子的平均动能来表示物体内部的运动状况，这个能量的单位是电子伏特（eV）。我们常常借用经典的温度概念，将粒子的平均动能也用温度表示，1eV=11604.448K。

关于核聚变能研究装置中的高温等离子体，在外力作用下组成等离子体的离子和电子的平均动能是不一样的。我们把它们分别称为离子温度和电子温度。对核聚变能研究来说，能否发生核聚变反应取决于离子的运动速度，有意义的是离子温度。

T3 的成果在全球核聚变界引起了强烈轰动，国际上掀起了一股托卡马克的热潮，20 世纪 70 年代后托卡马克成为核聚变能研究的主流装置。

## 群雄逐日　各领风骚

托卡马克 T3 突破性的成绩，吸引了各国科学家对托卡马克开展研究，50 多年来各国相继建造或改建了近百个大大小小的托卡马克装置。科学家根据前面实验装置运行的测量结果，不断地完善着等离子体物理和相关工程技术理论。通过理论方面的外推和定量演算，设计下一代装置。

早期的托卡马克装置尺寸都不大，也没有用氘、氚气体做原料，主要是针对氢气放电，研究形成的等离子体的温度、约束情况等。每个装置都按照影响因素简单化、条件理想化的原则进行设计，采用具有各自特点的技术，产生具有特定性能的等离子体，保障实验结果只受或主要受计划研究条件的影响。例如，中国科学院等离子体物理研究所的第四代托卡马克装置——东方超环（Experimental Advanced Superconducting Tokamak，EAST），在物理上主要解决磁场对高温等离子体长时间约束的问题，设计的 EAST 磁场可以通过实验观察、测量等离子体的温度和稳定存在时间等。他们做实验用的轻核是氢核，而不是氘、氚，避免了核聚变发生时高温和强辐射可能产生的影响。

在装置放电的各个实验结果中，科学家最关心的是装置达到的等离子体温度、密度、存在时间的三重积的数值。根据三重积的数值可推测装置放电的结果能否满足劳逊条件。

通过对各种托卡马克装置大量的实验结果进行分析，科学家发现了托卡马克装置的三个规律。

我们可以通过想象对一个表面有很多小漏气孔的环形橡胶圈充气，来形象地理解这三个规律。在这个比喻中，橡胶圈里不断有气体充入，又不断有气体漏出，橡胶圈内保存的气体的压力相当于托卡马克装置的等离子体密度，气体保存时间相当于托卡马克装置对等离子体的约束时间。

首先，这个橡胶圈越大，能装的气体就越多，但当充入的气体超过橡胶圈的容量时，橡胶圈就会爆炸。托卡马克装置的情况也与之类似，科学家发现的第一个规律是托卡马克装置的腔室体积决定了装置能达到的最好的等离子体参数。装置的腔室体积越大，等离子体参数可达到的三重积的数值就越高，而且，三重积数值的增大速度比体积的增大速度快得多。装置的腔室体积决定以后，三重积能达到的最大数值也就决定了。放电后，一旦三重积值超过这个额定值，等离子体就急剧崩溃。根据这个规律，托卡马克装置越做越大。由 30 多个国家正在参与建造的 ITER 是第一个能满足点火对体积要求的托卡马克装置。

其次，充气速度越快，橡胶圈保存的气体量就越大，保存时间也越长。托卡马克装置的情况也与之类似，科学家发现的第二个规律是从外界向反应区输入能量可以提高等离子体的温度，同时对等离子体的约束也有影响。当辅助加热功率低时，等离子体约束性能比没有辅助加热时要差；但当辅助加热功率达到或超过一定阈值时，在一定条件下，等离子体约束性能突然变好，约束时间比辅助加热功率低于阈值时延长了一倍，等离子体约束也有了很多新的特点。核聚变能研究人员把这种情况称为高约束运行模式放电。

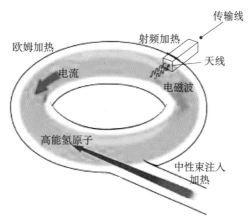

外界输入能量可以提高等离子体温度

再次，不是必须将橡胶圈的截面做成圆形，一些其他的截面形状也可能会延长气体的保存时间。科学家发现的第三个规律是圆形不是反应室最好的截面形状，竖直方向拉长的反应室截面能获得更好的稳定性，而且更有利于装置在长时间稳态运行时"排渣"的需要。

各个国家做的近百个大大小小的托卡马克装置中，每一个都贡献了不同特点的技术，这些装置共同为最终实现核聚变能发电指明了方向。其中做出重大贡献的有下列几个装置。

（1）苏联的托卡马克 T3

托卡马克 T3 是苏联在 20 世纪 60 年代建造的一系列托卡马克装置中最大的一个。科学家在这个装置上创造了磁约束核聚变的奇迹，从而在世界范围内形成了研究托卡马克的热潮。托卡马克 T3 是现代磁约束核聚变全面发展的"火种"。

（2）德国的轴对称偏滤器实验装置（ASDEX）

德国于 1982 年开始运行的轴对称偏滤器中型托卡马克装置，有两个重要的贡献。一是发现了高约束运行模式放电，使得托卡马克装置的核聚变发电成为可能，现在已成为大型托卡马克装置普遍采用的运行模式。二是首先成功使用偏滤器，偏滤器在托卡马克核聚变反应堆中的作用相当于普通烧煤锅炉的炉箅子，它也已成为核聚变反应堆排热、除灰、杂质控制和降低材料侵蚀的关键部件。

（3）苏联的托卡马克 T7

苏联于 1979 年运行的托卡马克 T7 是第一个使用超导技术的托卡马克装置。超导技术解决了托卡马克稳态运行的磁场线圈电流的有效传输问题。超导技术是实现托卡马克核聚变发电必须采用的技术手段。

**知识链接：超导电性和超导体**

某些物质在一定温度条件下电阻降为零的性质被称为超导电性。低于某一温度出现超导电性的物质被称为超导体。超导体从电阻不为零的正常状态变为超导态的温度被称为超导临界温度。现已发现有 28 种元素、几千种合金和化合物可以成为超导体。超导体按超导临界温度高低可分为低温超导体和高温超导体，低温超导体的临界温度一般在 40K 以下，高温超导体的最高温度也在 250K 以下。目前进入实用领域的都是低温超导体。

（4）美国的托卡马克核聚变实验反应堆（TFTR）

TFTR 是美国于 1982 年开始运行的大型托卡马克装置，1993 年 12 月开始氘-氚放电实验。TFTR 最突出的成就是在 1993 年 12 月离子温度达到 $5 \times 10^8$ K，其主要贡献是使人类获得了有关聚变堆规模的氘-氚等离子体的约束、加热和

α 粒子的特有信息，以及在实验环境中氚处理和氘-氚中子活化的经验。

美国的托卡马克聚变实验反应器（TFTR）

（5）美国的 DⅢ-D 装置

DⅢ-D 是美国通用原子能公司的一种尺寸较小、十分灵活的装置。1985年建成后，科学家利用它开展了很多先进的托卡马克装置实验研究，它是世界上最早使用 D 形截面约束的托卡马克装置，证实了非圆截面可以提高等离子体的温度和稳定性。

DⅢ-D 是最早使用 D 形截面约束的托卡马克装置

（6）日本的托卡马克 JT-60

日本于 1985 年在 JT-60 装置上成功地进行了氘-氘反应实验，JT-60 装置和后来升级改造的 JT-60U，一直保持核聚变三重积的世界最高纪录。

（7）欧洲的联合环（JET）

1988 年卡拉姆实验室的 JET 开始运行。1991 年底该装置首次成功地实现了氘-氚受控核聚变反应，离子温度达到了 $3 \times 10^8 K$，聚变持续时间达 2s。这是世界上第一个实现核聚变功率输出的装置，1997 年又首次实现核聚变能量输出大于输入，功率增益 $Q$ 达到 1.25。

欧洲的托卡马克 JET

JET 的真空反应室内部

（8）中国的东方超环（EAST）

EAST 是世界上第一个非圆截面全超导托卡马克，于 2015 年开始运行。2017 年 7 月实现了温度为 $5×10^7$K 等离子体的 101.2s 稳态长脉冲高约束运行。这个结果不仅创造了新的世界纪录，还从工程技术的角度进一步验证了研制人造太阳的可能。

中国的全超导托卡马克 EAST

经过一代一代的发展，托卡马克的尺寸越做越大，结构越来越精准，实验结果也越来越好，特别是 20 世纪 70 年代中期之后建造的三个大型托卡马克装置——美国的 TFTR、日本的 JT-60 和欧洲的 JET。它们取得的许多重要成果像是人造太阳发出的一道道曙光，共同证明了托卡马克实现核聚变发电的科学可行性，鼓舞着人类沿着逐日之路继续前行！

## 全球合作共造太阳

几十年的世界性研究和探索证明利用托卡马克装置实现核聚变是科学可行的。建造托卡马克核聚变反应实验堆，解决核聚变堆商用中重要、关键的科学和工程技术问题，已势在必行。但是，由于没有一个国家掌握所有的最优技术，且建造实验堆需要庞大的资金投入，所以没有哪个国家能够独立地建造核聚变反应实验堆。1985 年苏联领导人戈尔巴乔夫和美国总统里根在日内瓦峰会上倡议，由美国、苏联、欧盟和日本共同启动 ITER 计划。建造一个可自持燃烧（即"点火"）的托卡马克核聚变实验堆，以便对未来核聚变示范堆和商用核聚变堆的物理和工程问题做深入探讨。1988 年美国、苏联、欧盟和日本四方开始 ITER 的设计，于 1998 年共同完成了工程设计及部分技术方面的研究。1998 年美国由于国内原因退出 ITER 计划。2001 年欧盟、日本和俄罗斯又经过三年的努力，完成了 ITER 工程设计上的修改及大部分部件与技术的研发工作。2001 年 7 月，ITER 工程设计完成，项目正式启动。ITER 工程设计的复杂程度远非其他工程所能比拟，仅部件与技术的研发和设计就耗资 15 亿美元。

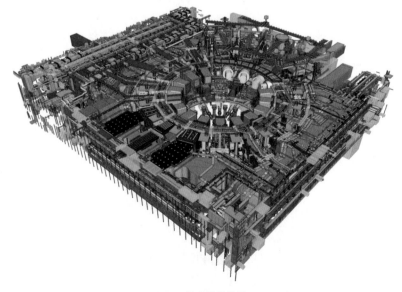

ITER 复杂的设计图

在全世界都对人类的能源、环境、资源前景等问题予以高度关注的今天，各国对 ITER 计划都十分重视。2003 年中国、美国和韩国提出加入 ITER 计划，2005 年印度也提出加入 ITER 计划。2006 年 11 月，中国与欧盟、印度、日本、韩国、俄罗斯和美国七方按照坚持协商、合作的精神，搁置诸多的矛盾和利害冲突，最终达成了各方都能接受的条件，共同签署了《联合实施国际热核聚变实验堆计划建立国际聚变能组织的协定》（简称《协定》），计划合力在法国卡达拉舍建设世界上第一座聚变实验堆。ITER 总建设投资预算约为 70 亿欧元，运行费用也约为 70 亿欧元；欧盟承担总费用的 46%，其他六方各承担总费用的 9%。ITER 计划是目前最大的国际合作超大科学工程。

ITER 建设集成了当今国际受控磁约束核聚变研究的主要科学和技术成果。项目建设任务被分解为 22 个采购包，共 97 个子采购包，通过比较，每个子采购包由部件运行效果最好的一个或几个国家承担。

欧盟是 ITER 计划至关重要的成员，多项技术和大科学工程管理水平居于世界领先水平。欧盟在 ITER 计划项目中承担了低温车间、氚生产车间、真空抽气系统、中心加热系统、11 项诊断系统、计算机联网及控制系统等建造和研发任务。

日本在 ITER 计划的实施中起了重要作用。日本曾积极申请将 ITER 建造场地放在日本，在和法国竞争后主动放弃，同意将 ITER 建在法国的卡达拉舍。日本的主动放弃换取了欧盟丰厚的回报，其中包括将日本的托卡马克装置 JT-60U 升级改造，并作为 ITER 的卫星装置，同时在日本建造可直接远程操作 ITER 的实验设施，这使日本成为几乎与欧盟并驾齐驱的 ITER 研究国际基地。日本在 ITER 项目中承担了环向磁场线圈和 4 项诊断系统的采购包任务。

美国对 ITER 计划的作用和影响也是不容忽视的。美国在 ITER 项目中承担了包括最大的单个采购包之一——中心螺线管采购包在内的 13 个采购包任务。

俄罗斯在核聚变反应堆设备制造方面积累了大量的科研成果和实践经验，在核聚变能工程领域处于世界先进水平。俄罗斯在 ITER 项目中承担了 12 个采购包任务，其中有许多都涉及重要的关键部件。

中国在 ITER 项目中承担了 6 个采购包中的 12 个子采购包任务，主要涉及超导线圈、屏蔽包层和电源部分，占总工程量的 9%。

韩国在 ITER 项目中承担了包括 ITER 最大采购包之一——真空室采购包在内的 10 个子采购包任务。

印度在 ITER 项目中承担了包括 ITER 最大部件——低温恒温器在内的 8 个子采购包任务。

ITER 的建设工地

ITER 预计在 2025 年实现"点火"。它的目标是让每次放电时间长达 8min，产生 $5 \times 10^8$W 的功率。该计划的实施结果将决定人类能否迅速地、大规模地使用核聚变能，从而可能影响人类从根本上解决能源问题的进程。《协定》规定各参与国共同享有用于 ITER 计划的技术。

## 条条大路通罗马

在核聚变能利用的可行性研究阶段，对于通过激光核聚变和快过程磁约束的技术路线，基本判断为不可能有效获取核聚变能。但是，科学家对于托卡马克装置以外的其他准稳态和稳态磁约束方式并没有给出完全否定的结论，特别是托卡马克装置通过等离子体电流形成的极向磁场使得磁笼的构成非常简洁，但由于科研人员对高温、大电流等离子体的控制机制还不完全了解，大型装置在稳定运行上还面临着严重挑战。科学家没有放弃其他途径的探索，在仿星器、球形托卡马克、反场箍缩磁约束装置和磁镜四个方向都有了比较好的实验结果。

仿星器具有和托卡马克装置类似的环形磁笼结构，仿星器中等离子体没有固定方向的等离子体电流，完全依靠磁场线圈产生的扭曲的环形磁笼对等离子体进行约束，对装置的设计精度和使用材料要求很高。由于加工水平的限制，早期的仿星器线圈精度不够，约束效果不好。随着超级计算机和新材

W7-X 仿星器的磁场线圈

料的使用，仿星器的性能有了很大的提升。德国科学家研发的 W7-X 仿星器的实验是其中最典型的代表。W7-X 于 2015 年 11 月正式启动运行，尽管没有达到设计的参数，实验结果还是证明仿星器在未来核聚变反应堆中的应用是可行的。

　　球形托卡马克装置是指反应室直径接近球形的托卡马克装置。它的优点是造价低、有效截面大，同时不稳定性低、约束力更好。这些优点将大大降低造价和体积，有利于核聚变能发电站对它的广泛使用。国际上一些实验室竞相建造小型球形托卡马克装置，其中一些甚至位于在核聚变研究领域中并不出名的国家，如澳大利亚、巴西、埃及、哈萨克斯坦、巴基斯坦和土耳其等。我国的清华大学也建造了一台球形托卡马克 SUNIST。

球形托卡马克结构图

　　反场箍缩磁约束核聚变实验装置是有别于托卡马克、仿星器位形的另一类环形磁约束核聚变装置。其结构类似托卡马克装置，不同的是外加两组磁场的强度大致相同，造成等离子体内、外纵向磁场方向相反。实验发现，利用反场箍缩磁约束装置可以得到较高的比压值，具有纯欧姆加热可达到核聚变"点火"条件、高质量功率密度等优势，是未来磁约束反应堆位形的候选方案之一。国际上主要有五个此类装置，即美国的 MST、意大利的 RFX、瑞典的 Extrap-T2R、日本的 RELAX 及中国的 KTX。

中国科学技术大学的反场箍缩磁约束核聚变实验装置 KTX

磁镜曾经是核聚变领域最重要的研究对象之一，现代的磁镜理论表明磁镜可以在一个更简单、更稳定的磁位形结构中取得更高的参数。近期，以俄罗斯的 GDT 和美国的 C2 为代表的装置在等离子体加热和约束上取得了一定的突破，表明线性装置在核聚变研究中的潜力还有较大的挖掘空间。

我国最大的串节磁镜装置 KMAX

# 火眼金睛　监视"火龙"

我们已经明确知道，人造太阳最可能的实现途径是产生高温等离子体，并用磁笼将其约束一定长的时间。但是，磁笼中的高温等离子体像一条桀骜不驯的"火龙"，它在磁笼中腾翻变化的同时不停地向外"喷火"。这个"火"就是磁笼关不住的高能中子、γ射线和其他一些不带电的粒子，一不小心"火龙"自身也会从磁笼中逃逸。

怎么驯服"火龙"呢？首先，我们必须找到办法，随时掌握"火龙"的情况，对它什么时间生成，怎么壮大，怎么变化，甚至"身体"各部分的情况都要一一了解。科学家想到了医生给患者看病的流程。医生在给重症患者看病时，会给患者做一系列检查，从最简单的测体温、量血压、验血、验尿，到计算机断层扫描、核磁共振成像等。检查以后，医生根据检查结果判断患者的病情，给出治疗方法。核聚变领域的科学家在研制聚变装置的同时，发展了能显示等离子体性质和状态的物理量测定技术，制造了多种测量仪器系统。实验时，通过对几种参数的并行测量和对相关因素的综合分析，推算出装置中等离子体具体形成过程和现象细节性质的定性和定量的结果。参照医学的说法，人们习惯地把这叫作"诊断"。

通过诊断，放电以后，我们能随时知道"火龙"从产生到消失的整个过程中的空间品质特性，同时通过控制系统，及时采取相应的措施，调整实验条件和磁笼形态，以达到装置最好的工作状态。根据放电过程装置状态和等离子体状态的诊断结果，改进或设计新的装置，开展下一步实验研究。最终将"火龙"调理得越来越驯服，使之按人们的要求源源不断地贡献能量。

大家要知道磁笼和高温等离子体是既不可见又寂静无声的，温度为 $10^8$K 的等离子体辐射的是 $\gamma$ 射线，人们看到的核聚变实验装置放电时的闪光是等离子体散失后温度降低到 $10^4$K 左右时发出的光。如果人们能置身在太阳内核内用眼睛直接看、用耳朵直接听，将和在人造太阳的内核中一样，看到的是静寂的真空！我们看到的关于高温等离子体及磁力线的图片，都是为了方便大家理解而画出来的。

经过几十年的发展，高温等离子体诊断理论和技术已经发展成一门独立的学科。关于诊断聚变装置的磁笼和等离子体的性质和状态，我们需要知道哪些呢？首先，我们需要知道磁笼的大小、形状和疏密程度，也就是磁力线形状和各处的磁场强度。其次，我们要知道整个放电过程中等离子体的大小，等离子体内各部分的温度、密度、压力、电流的分布及其随时间的变化。继之，我们要知道等离子体辐射能量和粒子的损失。

诊断的基本方法有两种。一是测量"火龙"喷射的物质。由于磁笼的阻挡，"火龙"喷射的物质中只有电磁波、中子和其他一些不带电的粒子能穿过磁笼。我们在磁笼外面布置好能够测量逸出物质的相关信息的传感器，用其直接进行测量。另一个诊断方法是往"磁笼"里派进"侦探"，这个"侦探"主要是不同波段的电磁波。"侦探"按设定的路径穿过等离子体或轰击特定的位置，在这个过程中和等离子体发生相互作用。科学家再测量"侦探"进出磁笼前后的变化，根据诊断理论推算出等离子体的相关参数。

由于诊断的要求特殊，用在核聚变能研究装置上的诊断设备都是专门研制的专用设备。在 ITER 上就安装了 40 多种诊断设备。

# 征途漫漫　前景美好

回顾这七十余年的研究过程，人们发现核聚变能利用研究是近代科学史上的一个十分特殊的领域。20 世纪人类发现、发明的其他科学技术，如核裂变、半导体、激光、集成电路、网络通信等，都很快得到应用并迅速发展，但是人们耗费了如此长的时间仍没有成功应用核聚变能。在这个过程中，成功每每看似触手可及，却又会意外地出现新问题，导致核聚变能实验装置越做越大，越做越复杂，投资越来越高，现在几乎已成为一个用上人类掌握的所有最先进技术的超大科学工程。举世瞩目的人造太阳工程——ITER 计划完成以后，人类是否就拥有了自己的人造太阳？答案是人类的逐日之路仍然漫长。

实现核聚变能发电和其他新技术产生、应用的规律一样，必须经过几个科学认证阶段。第一阶段是可能性认证阶段，即原理性研究阶段，找到基本的理论根据和对理论进行实验验证。第二阶段是技术路线阶段，即实现方法的可行性研究阶段，通过规模实验形成相应的物理和工程理论和技术。第三阶段是原理性验证阶段，探索并解决实际使用条件下的所有技术问题。第四阶段是示范工程建设阶段，进一步解决实用中可能产生的问题。第五阶段是开发实用（商用）产品并进行推广使用的阶段。

爱因斯坦的表示质量和能量关系的质能方程，贝特的核聚变实验验证和氢弹的爆炸成功，标志着完成了核聚变能利用的第一阶段。劳逊核聚变反应堆点火条件是判断技术路线是否可行的标准。

在第二阶段，各国科学家建造了近百座托卡马克磁约束核聚变装置，并做了大量的研究，完成了托卡马克技术路线的可行性研究。关于仿星器、球形托卡马克、反场箍缩磁约束和磁镜等技术路线的可行性研究还在进行过程中。

第三阶段的任务是实施 ITER 计划。进行实验的主要目的是验证经验理论是否成立，也就是能不能实现"点火"。除此之外，还要解决核聚变堆生产氚的问题，并达到能满足核聚变堆持续运转的目标。

ITER 计划达到预期目标后，还要完成示范堆和商业核聚变发电站建设的研究任务。示范堆主要解决核聚变发电站的工艺和材料问题，最大的难点还是关于"第一壁材料"的问题，目前科学家还没有找到制造能够长期经受核聚变反应强中子轰击材料的可靠方案。示范堆不需要太强的实验灵活性，它的设计相对会比实验堆简单得多。根据示范堆的实验结果，才能进行商业核聚变发电站的设计建造。商业核聚变发电站建成使用之日，就是人类拥有自己的人造太阳之时。

人造太阳的梦不是一代人可以实现的，需要几代人不断地努力才能够将其变为现实。前辈们已经付出了七十余年的艰辛努力，人们已经看到人造太阳升起前的曙光。大家都在盼望，也在不断地问，究竟什么时候核聚变能发电能成为现实？悬挂在 ITER 大厅内的"托卡马克之父"苏联物理学家阿齐莫维奇的格言回答了这个问题："社会需要时，核聚变已蓄势待发！"

今天，飞速发展的人类社会已经在高声呼唤新的能源，人造太阳将应人类的呼唤，在地球上冉冉升起！

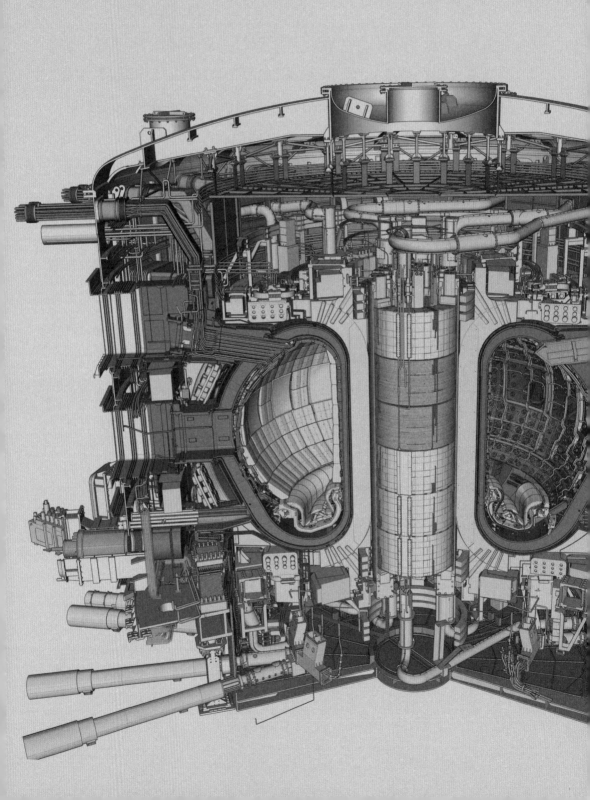

# 05

人造太阳
在中国

# 中国的逐日历程

20世纪50年代初，在美国加州理工学院凯洛格实验室工作的李整武（后改名为李正武）博士得知美国政府在秘密地开展受控热核聚变研究，他敏锐地意识到核聚变能源开发对国家和民族振兴的重大意义。1955年他和夫人孙湘博士毅然决定放弃美国良好的工作条件和优厚的生活待遇，以先进的科学知识为祖国效力。回国以后，李正武博士积极建议国家开展受控热核聚变与等离子体物理方面的研究。在王淦昌等老一代核科学家的支持下，受控热核聚变反应与等离子体物理方面的研究被列入了对中国科学技术发展具有重大历史意义的《1956—1967年科学技术发展远景规划》中。60多年过去了，经过我国科技工作者的不懈努力，中国在核聚变工程及科学方面的研究已经从过去的跟着"跑"，到并排"跑"，再到如今的在某些领域的"领跑"。

## 中国核聚变能研究领域的开拓人——李正武院士

李正武（1916～2013）是清华大学物理系的第一届毕业生，1951年在美国加州理工学院物理系获博士学位。

毕业后的李正武博士在美国加州理工学院凯洛格实验室工作，主要从事轻原子核反应实验研究。在工作期间，李正武博士对爱因斯坦提出的质量和能量的转换关系做出了当时最精确的直接实验测定。

1955年10月，李正武夫妇终于冲破美国政府的阻拦，携出生仅两个月的幼子，与钱学森、蒋英夫妇同船，作为第一批从美国归来的学者回到祖国，表现了大无畏的爱国情操。

李正武院士

1965 年 8 月，李正武负责筹建了中国第一个专业从事核聚变能源开发的研究所——第二机械工业部 585 所。"文化大革命"结束后，李正武任第二机械工业部 585 所所长。任职期间，他指导了中国第一个中型托卡马克装置——中国环流器一号（HL-1）的设计和建设，领导了全所的等离子体物理与核聚变工程技术的研究工作。

1980 年，李正武当选为中国科学院学部委员。他也是国际原子能机构聚变研究理事会的首位中国成员。

20 世纪 60 年代，中国开始了以实现受控热核聚变能源生产为主要目标的核聚变能研究。研究起步时，我国主要参考美国、苏联等国家已经公开的研究报告，全面跟踪开展研究，先后建成了十多个各种约束类型的实验装置。从 20 世纪 70 年代开始，根据国外的研究结果，集中选择了托卡马克装置作为主要研究设备，先后建成并运行了 CT-6（中国科学院物理所）、KT-5（中国科学技术大学）、HT-6B（中国科学院等离子体物理研究所）、HL-1（核工业西南物理研究院）、HT-6M（中国科学院等离子体物理研究所）及

HL-1M（核工业西南物理研究院）等数十个中小型实验装置。在研制这些装置的过程中，锻炼了一批核聚变工程人才，提高了国家相关工业的水平，开展了一系列有意义的研究工作。

1974 年我国第一台铁芯变压器托卡马克装置——北京托卡马克6号（CT-6）开始运行。1975 年我国得到平衡稳定等离子体环，引起了国际物理学界的高度重视。1984 年 9 月我国第一个中型托卡马克装置——中国环流器一号（HL-1）在四川省乐山市市郊顺利启动。1986 年 11 月在第 11 届国际等离子体物理与受控核聚变研究会议上，中国政府对核聚变能研究的重视，以及中国科技工作者努力得到的成果，第一次引起了世界瞩目。

1974 年中国科学技术大学创办了我国高等院校中的第一个等离子体物理专业，开始为受控核聚变能研究培养专业人才。

1991 年中国科学院等离子体物理研究所从苏联引进了超导托卡马克装置（T7），并将其改造成能够进行多种实验的先进装置。1995 年 7 月核工业西南物理研究院引进了德国托卡马克装置 ASDEX 的主机部件，并以此为基础，建成了中国环流器二号 A（HL-2A）装置。

中国的科技人员通过对原装置技术的消化吸收与改进，使整体研究水平有了飞跃性的提高。经过几年运行，两个装置上都取得了国际同类装置中最好的放电结果，这标志着中国在核聚变能研究领域已经进入先进国家的行列。

中国科学院等离子体物理研究所在 HT-7 的实验基础上，于 2006 年初自主建成了大型非圆截面全超导托卡马克核聚变实验装置 EAST。该装置被投入使用后，不久就实现了最高 1000s 的运行时长，随后的实验又实现了多项突破，等离子体参数指标达到了国际先进水平。

2009 年 2 月初核工业西南物理研究院在"第一壁材料"研制中获得了重大突破。

2006 年中国正式加入 ITER 计划。在 ITER 计划执行中，中国科学院等离子体物理研究所和核工业西南物理研究院已经成为国际人造太阳研究领域的重要力量。中国已经在核聚变能研究领域的某些方面处于领跑地位。

2016 年中国政府决定启动中国聚变工程实验堆（China Fusion Engineering Test Reactor，CFETR）工程。CFETR 工程是中国自主设计和研制并开展国际合作的重大科学工程，是中国在全面消化吸收 ITER 相关技术的基础上，预先开展下一代超导核聚变堆研究的重大项目。CFETR 工程已于 2017 年 12 月 5 日在合肥正式启动，计划在 2020 年动工建设。

中国国力的增强和管理体制在完成大工程方面的优越性，使我们有信心期待地球上第一颗人造太阳将在中国大地上升起。

# 跟跑中的中国

## 艰苦起步　奋力跟跑

1965 年 8 月国家决定将国内与核聚变能相关的研究人员集中起来，为两弹项目的延伸，专门研究可控热核聚变反应。在四川省乐山市郊肖坝的大山里，诞生了今天核工业西南物理研究院的前身——第二机械工业部 585 所。

在当时全国备战备荒的大形势下建设第二机械工业部 585 所时，先将整座大山挖开，实验室建好之后再用土将其掩埋起来，让实验室和山连为一体。这样，敌国侦察人员从其上方看到的便是一座山。而办公住宿用的楼房则依山而盖，并在楼顶建了水池，使敌机俯瞰时以为这是稻田。为了使研究所更隐蔽，进所公路不铺沥青水泥，宽度不超过 8 米，运送物资的解放牌卡车进出都用苫布树枝盖住，防止敌国卫星、飞机侦察出此地有大型研究机构。该研究所也没有围墙，实验室是一个个只能看到山体下的大门、有军人站岗的"工号"。

当时的第二机械工业部 585 所，除了以李正武博士为首的少数前辈以外，大多数研究人员是中国自己培养的大学生。中国核聚变能研究的开拓者们传承着"两弹一星"工程建设者的"热爱祖国、无私奉献，自力更生、艰苦奋斗，大力协同、勇于攀登"的精神，在艰苦的环境下边建设、边研究。根据中央"依山傍水扎大营"的备战要求，该研究所的建筑是分散的。年轻人住简易房，到食堂吃饭都要走山路翻几个小山坡。当时国家经济困难，食堂饭菜的油水很少，基本无肉。任务紧时，年轻人就在食堂买几个馒头、一些咸菜，住在实验室，夜以继日地工作。除了食堂采购人员以外，研究所其他人员和外界基本没有接触，所里基本没有年轻的女同志，年轻人的婚恋问题也是令大家困扰的大事。第一批迁去的年轻夫妻，孩子出生后，妈妈在仅有的56 天产假后就得每天把孩子送到研究所的托儿所。年轻妈妈白天上班，中途哺乳，晚上还要走田间小道去参加学习，生活之艰辛是现在难以想象的。

关于生活上的困难，大家没有放在心上，也都习以为常。最让人苦恼的是技术资料缺乏、交通不便和国家整体工业水平满足不了装置加工的需要。当时，科技人员只能看到内部发行的国外专业杂志的影印版，这一般要在国外发行半年后才能看到。由于负责制作影印版的部门要照顾到全国方方面面的需求，关于受控热核聚变的内容只是国外装置的主要参数和实验结果，大家关心的具体研究路线、研究方法和技术等可用于借鉴与参考的内容极少。为了对国际上各种装置进行跟踪研究，从基本理论、工程理论、新材料制造到具体工艺等，开拓者们都自己从基础开始慢慢摸索。科技人员和工人表现了高度的热情，以"革命加拼命"的精神，硬是在一片荒山里制造了多种研究目的不同的核聚变装置，开展了一系列物理实验。尽管以中等规模超导磁镜（303）装置为代表的第一批十几个非托卡马克磁约束装置和国际上的同类装置一样，都因为没有取得好的结果而关闭停止，但在研制过程中为我国的核聚变研究培养了人才，带动了国内一系列工程尖端技术的发展。

在当时计划经济体制下，被称为 04 号任务的受控热核聚变研究项目，在全国各单位都是作为重要的政治任务被放在第一位安排的。第二机械工业部 585 所所有装置的建设都是国内许多单位协同努力的结果。303 装置是国内第一个大规模采用超导技术的设备，那时，国际上的高温超导研究尚未起步，获得超导必需的低温技术就是一大难题。当时，国内连液氮都不能生产，我国于 1970 年 9 月专门从德国进口了一台每小时能生产 20L 液氮的液氮机，但德方为了垄断技术，只卖设备却不给图纸、不派专家、不管设备安装调试。设备到达乐山市后，核工业部 23 公司派出专业人员，和第二机械工业部 585 所的科技人员组成安装调试任务组，密切合作、日夜奋战。经过半年的努力，该设备于 1971 年 3 月被调试成功，投入生产。随后研究所又和杭州制氧机厂合作攻关，于 1974 年研制出我国第一套每小时生产 100L 液氦的大型液氦生产设备。主要工业城市有着许多类似的事例，正是这种团结协作的精神，为 20 世纪 80 年代后一些高新工程技术的发展奠定了基础。

**勇为人先的陈春先**

陈春先是中华人民共和国第一批派往苏联学习的留学生。1952 年起，他在莫斯科大学物理系学习。1958 年陈春先以优异的成绩从莫斯科大学毕业，代表中方留学生在毕业典礼上发表毕业演讲，受到时任苏联共产党中央委员会第一书记的赫鲁晓夫的接见。

陈春先学成归国后，被分配到中国科学院物理研究所从事研究工作。1966 年，"文化大革命"开始，科研工作无法开展，陈春先和许多知识分子、干部一样，在 1968 年被送到"五七"干校进行劳动锻炼与改造。

1971 年底，陈春先结束了三年的干校生活，返回中国科学院物理研究所的工作岗位。他从一份国外资料中了解到苏联核聚变研究已取得重大突破——苏联原子能研究所成功研制了一种叫"托卡马克"的超高温核实验装置。这一装置的核聚变已达到几千万 K 的高温，在国际上引起了很大轰动。陈春先马上意识到这是人类开发利用核聚变能的有效技术途径，是人类能源开发的一项开创性工作，于是主动请缨在中国开展"托卡马克"项目。

陈春先带领的团队奋斗实践，克服了难以想象的困难，1974 年 7 月 1 日终于在中国科学院物理研究所建成了中国第一个托卡马克装置——北京托卡马克 6 号（CT-6）。1975 年制成了平衡稳定的等离子体环，引起了国际物理学界的重视。

陈春先（右一）在 CT-6 装置前

陈春先在北京忙着研究制造 CT-6 的同时，向时任中国科学院领导武衡作报告，由武衡向周总理请示。陈春先为筹建核聚变基地，自 1971 年开始，经常去合肥董铺岛，直至 1978 年才成立了中国科学院等离子体物理研究所，陈春先任首届业务副所长，全面主管合肥基地的业务。

中国科学院等离子体物理研究所于 1980 年在合肥建成了托卡马克装置 HT-6A，于 1982 年对该装置进行改造，改名为 HT-6B 并继续实验。1984 年底建成的 HT-6M 装置达到了 20 世纪 80 年代同类小型装置的国际水平。历经 6 年奋斗，中国科学院等离子体物理研究所已经具备了建造托卡马克装置的能力。

1978 年后陈春先三次访美，为合肥基地注入新技术、新动力。1979 年以世界核聚变权威弗思教授为首的美国代表团访问中国，陈春先全程陪同代表团访问北京、合肥和乐山的核聚变基地，推动了中国核聚变能研究与国际接轨。

HT-6M 装置的设计工作开始于 1980 年，建成于 1984 年底

## 全国协同　奋起直追

　　1970 年第二机械工业部 585 所的领导、专家和科技人员在"自力更生""赶超世界先进水平"的号召下，热情高涨。明知山有虎，偏向虎山行，他们以敢于攀登科技高峰的精神和勇于赶超世界先进水平的决心，提出研制一个在规模上与 T-3 相仿而指标却大大高于 T-3，等离子体参数接近劳逊条件的托卡马克装置。1971 年他们完成了装置的技术设计并上报第二机械工业部。1972 年正式开始研制代号为"451"的中型托卡马克装置——中国环流器一号（HL-1）。1973 年 9 月，由第二机械工业部第七设计院和 585 所组成的设计团队完成了"451"的工程设计。设计中采用的主要设备，如主机、大型飞轮发电机组都属于国内首次采用，需要专门设计、研制，而且大多数

结构和材料都很特殊、加工困难。其他国内已有产品的技术指标不能满足工程要求，需要另行研制或改进。需要专门研制的非标工程设备高达 1074 件。

"451"的研制正逢"文化大革命"时期，工厂组织松散，规章制度遭到破坏，生产能力和工作效率下降，给设备加工和研制造成了许多困难。585 所地处交通不便、信息闭塞的乐山，附近缺少有关科技力量和加工条件，也给完成设计、协作与配合加工带来了不便。在第二机械工业部的直接领导下，585 所和二七公司、二三公司、第七设计院、大连五二三厂等单位共同努力，前后共经全国十几个省份、直辖市，近百个厂、所、校的大力协同，经过 12 年的不懈努力，终于在 1984 年 8 月建成了中国第一个中型托卡马克装置——中国环流器一号。装置部件除了大型交流脉冲飞轮发电机组转子锻件是向国外订货的以外，其余的都是与国内企业合作攻关完成的。几乎每一个非标设备都是参与人员边干边学，克服重重困难，不断试验改进才得以研制成功的，例如，内外真空室的研制过程中就设计了 3400 多张图纸，制造了 110 多套工装设备，进行了 32 项中间试验。

中国环流器一号建成后，经过一年多的调试，于 1985 年 11 月正式投入使用。HL-1 装置于 1992 年底结束运行，7 年间开展了 20 多轮大规模物理实验，进行了 1 万多次有记录的放电，在探索可控核聚变的道路上取得了重要进展。HL-1 装置是我国独立自主建造的第一个中型托卡马克装置，它的建成是中国磁约束核聚变研究进入大规模实验的一个重要里程碑。

1994 年核工业西南物理研究院将 HL-1 改建为中国环流器新一号（HL-1M）装置。HL-1M 装置的综合性能指标达到了国际同类型同规模装置的先进水平，其实验研究数据被列入 ITER 实验数据库中，标志着中国的核聚变能研究得到了国际核聚变能研究界的认可，正式进入国际轨道。中国核聚变能研究沿着人造太阳的逐日之路奋起直追。

## 借梯上楼　齐头并进

世界各国普遍认识到核聚变能研究是关系到人类未来能源的共同问题，也是人类至今碰到的技术难度最大的科技创新工程项目，它成了世界上最开放的一个国际大科学前瞻性领域。将停用的科研装置转让给有需求的国家继续使用，是国际上许多国家普遍开展的国际科技合作的重要内容。中国核聚变能研究单位在跟跑阶段充分利用了这个有利的大环境，先后引进了先进国家的若干停用装置。中国科学技术大学于1981年从意大利引进了一个小型托卡马克装置，中国科学院等离子体物理研究所于1991年引进了苏联T-7超导托卡马克装置，核工业西南物理研究院于2002年从德国引进了ASDEX装置，华中科技大学于2007年引进了美国TEXT-U装置，南华大学于2017年从澳大利亚国立大学引进了仿星器装置。各引进单位通过对引进装置的研究利用，快速地提高了自身水平；与此同时，大量出国进修人员学成归国，投入国内核聚变能研究工作中。这种设备与人才的双重引进，促使中国核聚变能研究很快跟上了世界先进水平，在核聚变能研究领域与先进国家并驾齐驱。

### 引进 T-7 装置，跻身核聚变超导大国

苏联于 1979 年建造的 T-7 是世界上第一个超导托卡马克装置，该装置在库尔恰托夫原子能研究所运行了 5 年左右，1985 年后基本停止实验。T-7 装置在核聚变能研究方面的重大意义在于，在工程上验证了超导磁体能够用于托卡马克装置，从而保障托卡马克装置能实现连续稳态运行。T-7 装置的成功使超导托卡马克成为磁约束核聚变的主流技术。

T-7 建好后不久，苏联又建造了更大的 T-15 超导装置。1985 年以后，T-7 装置被闲置。20 世纪 90 年代初，苏联解体前夕，世界聚变研究领域最具权威的库尔恰托夫原子能研究所所长卡多姆采夫教授致信核工业西南物理研究院的李正武院士，表示愿意将价值 1500 万美元的 T-7 装置赠送给中国，该信被转交到合肥等离子体所时任所长霍裕平手中。等离子体所认真分析了国际核聚变发展的趋势，认识到采用超导磁体是磁约束核聚变装置发展的必由之路，决定果断抓住机遇，接收 T-7 装置。

1990 年 10 月等离子体所与苏联正式达成协议，采用以易货贸易的方式，用两车皮羽绒服作为交换物，从苏联将 T-7 装置引进过来。T-7 装置的先进之处在于将超导技术成功地应用到托卡马克装置上，其他方面相对一般，并不具备物理实验的功能。T-7 装置到达以后，等离子体所的全所人员在没有任何奖金，甚至工资都不能正常发放的情况下，夜以继日地努力工作。在对 T-7 装置技术消化吸收的基础上，对原装置做了改造，增加了多个配套系统。他们同时积极争取国外同行的支持，得到了俄、美、欧盟等国家和地区的机构、专家的大力帮助。法国等国的研究所基本无偿地赠送给等离子体所大功率脉冲飞轮电机和低温制冷设备等 HT-7 必需的配套设施。卡多姆采夫教授也亲自

来到中国，经常拖着一条不太便利的腿，在建设现场手把手地进行指导。经过3年的不懈努力，中国终于于1994年在合肥建成当时世界上第二大的、能够开展多种实验的超导托卡马克装置HT-7。经过1年的调试，HT-7装置于1995年正式投入运行。中国成为全世界拥有超导托卡马克装置的四个国家之一。

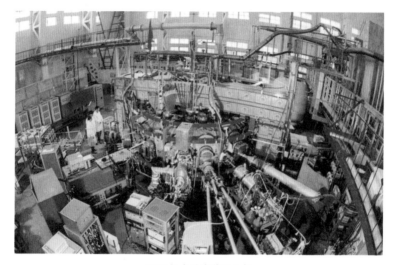

HT-7 托卡马克装置主机

HT-7装置在等离子体所运行了18年，总共放电10万多次，科研人员用其进行了近20轮科学实验，取得了多项工程和物理上的重要成果。特别是2003年3月31日获得超过1min的等离子体放电时间，这是继法国Tore Super装置之后，第二个产生分钟量级高温等离子体放电的托卡马克装置。这标志着我国的核聚变能研究达到了国际先进水平。

### 引进 ASDEX，迈进核聚变大国行列

1993年我国的一位核聚变界知名专家得知，德国有意将曾放电33509次并于1990年8月停止使用的托卡马克实验装置ASDEX转让给有研究实力的

国家。ASDEX 装置是德国伽兴等离子体物理研究所于 1979 年建成的一个大型托卡马克装置。1982 年在 ASDEX 装置上首次发现高约束放电模式，在大幅度提高等离子体离子和电子温度的同时，又成倍地延长了等离子体的约束时间。高约束模式已经成为托卡马克装置的标准运行模式。由于高约束模式的实现对装置设计和控制水平要求非常高，能否进行高约束模式放电成为体现托卡马克装置综合水平的重要标志。

核工业西南物理研究院为获得 ASDEX 装置与德国方面进行了多次洽谈，谈判的核心是中国有没有能力让这套装置发挥作用。最终，中国凭实力取得了德方的信任，核工业西南物理研究院战胜了竞争对手，最后一个提出申请，却赢得了胜利。1995 年 7 月，中德双方达成协议，德方将 ASDEX 装置主机部件赠送给核工业西南物理研究院。

1995 年 8 月，核工业西南物理研究院的技术小分队来到德国慕尼黑郊区的小镇伽兴。经过几个月的努力，这台由上万个部件组成的结构复杂、装配坚固的 ASDEX 装置主机一件件地被拆卸分解开，这台原本高约 10m、重约 500t 的大型设备被有条不紊地运送到国内。与此同时，核工业西南物理研究院全面开展了外围设备和控制系统的研制，经过 4 年的努力，成功地设计研制出了能够约束、加热、平衡等离子体，以及进行等离子体位移控制的 8 套具有不同作用和特点的高压、高电流磁场电源和 3 套国内最大容量的脉冲发电机组及同步加速、运行的自动化控制保护系统。

1999 年 4 月，中国环流器二号 A（HL-2A）装置工程在成都核工业西南物理研究院正式开工。安装过程中，科技人员攻克了安装工作中的众多难题。2002 年 12 月，由 ASDEX 装置演变而来的 HL-2A 装置被建成并投入运行。2009 年该装置实现了中国第一次高约束模式放电。这项重大的科研进展是中国磁约束核聚变实验研究史上的又一里程碑，使我国在继欧盟、美国和日本之后，站上了核聚变研究的先进平台。它标志着中国的磁约束聚变科学和等离子体物理实验研究进入了一个接近国际前沿的崭新阶段。

以德国 ASDEX 装置主体建造的 HL-2A

## 聚变曙光耀东方

2017 年 7 月 3 日，从合肥西郊美丽的董铺岛传出中国人造太阳振奋人心的最新消息，中国科学院等离子体物理研究所的 EAST 托卡马克装置实现了

$5 \times 10^7$K 等离子体温度、101.2s 稳态长脉冲高约束等离子体的运行，创造了新的世界纪录。这个结果像人造太阳升起前的一抹曙光，给托卡马克核聚变能发电提供了有力的可行性证明，被国际聚变界评价为"是全世界聚变工程的非凡业绩，是全世界聚变能开发的杰出成就和重要里程碑"。

EAST 装置主要由 9 个部分组成。主机部分高 11m，直径为 8m，重 400t，是一个两层楼高的庞然大物。

EAST 的内部结构图

超导技术的使用是托卡马克装置能够实现发电的关键条件。托卡马克装置的核心就是约束等离子体的超强磁场，要产生磁场就要用线圈。放电就是快速地给磁场线圈通电，有线圈就有导线，有导线就有电阻。托卡马克装置越接近实用要求，放电产生的磁场就越强，磁场线圈导线上通过的电流就越大。托卡马克装置放电时，流过磁场线圈的电流和闪电的电流差不多。尽管每次放电时间很短，但在大电流情况下，平常不起眼的电阻也会强烈发热。发热消耗大量电能，降低了线圈产生磁场的效率，也限制了通常材料的线圈能通过的电流大小。在工程上通常材料的线圈不能产生能够点火的托卡马克装置要求的磁场。采用超导技术是解决这一重大难题唯一的技术出路。但是，在托卡马克上使用超导体工程难度很大。首先，超导磁体都是在4.5K以下的超低温环境工作的，包括所有供电线，在整个放电过程中都要保持在超低温状态，任何一处温度上升都会导致超导体出现电阻，从而导致装置停止工作。制备的超导磁体材料要满足设备布局和工程施工的苛刻要求。托卡马克运行必须具有的高磁场要求线圈的匝数非常多，为了保障最佳控制等离子体托卡马克设计线圈的个数又很多，这些都要求磁体尽量少占空间，同时要接到远处的电源。超导磁体包围的真空室在形成等离子体后温度高达$10^8$K，超导磁体外侧是300K的室温，巨大的内外温差更增加了保温的难度。

1979年苏联首先在T-7托卡马克装置上采用了超导技术。其后法国、俄罗斯和日本在各自的大型超导托卡马克装置上都采用了超导技术。但它们都是一部分线圈是超导材料，有少量线圈是常规材料，因此都只能叫作"准超导托卡马克"，提升装置的效果还是会受到电

超导线圈实物截面

阻的限制。EAST是世界第一个非圆截面全超导托卡马克装置，EAST装置在工程结构特点和工艺技术方面与ITER非常接近。因此，EAST的成功具有重大的工程技术意义。

国际原子能机构每一两年都要举办一次世界聚变能大会，按惯例大会会邀请世界上最先进的聚变研究所做第一个报告。2006年10月在成都举行的第二十一届世界聚变能大会上，中国的研究所第一次受到邀请做第一个报告。中国科学院等离子体物理研究所的万元熙院士在开幕式上做了首场报告，报告内容就是介绍关于EAST的工作。报告结束后，会场上第一次出现600多位与会代表一同起立，为中国EAST的成就热烈鼓掌祝贺的场景！会后国际聚变界同仁纷纷上前向万元熙和他的同事表示祝贺，表达了对EAST团队和中国科技工作者多年来艰苦创业、开拓创新的精神及夜以继日、拼搏奉献所取得的成果的充分褒奖和肯定。热烈的场面使每一个在场的中国人无不感到激动和振奋！

第二十一届世界聚变能大会开幕式

EAST装置的成功运行改变了几十年来中国的核聚变能研究者跟在外国

同行后面学习的状况。如今，世界各国的同行不断地前来中国学习、寻求合作，标志着中国已经在核聚变能研究领域的某些方面处于领跑位置。

## 国际合作平台显实力

ITER 计划在 1988 年就开始了实验堆的研究设计工作，最初的方案是于 2010 年建成一个实验堆，造价约为 100 亿美元，实现 1500MW 功率的输出。没想到因为受到各国政府的支持程度不同、苏联解体等因素的影响，加之当时掌握的技术手段的限制，直到 2001 年才在集成世界聚变研究主要成果的基础上完成了工程设计。此后，经过 5 年的谈判，在 2003 年能源危机加剧的触动下，参加 ITER 计划的七方才于 2006 年正式签署联合实施协定，启动实施 ITER 计划。ITER 被拆分为 97 个采购包，部件技术要求高，大多数部件都需要先行研制并通过质量认证方能使用，同时也代表着高附加值，是国际竞争的热点。中国得到了 97 个子采购包中的 12 个子采购包的制造任务，研制加工费达 40 亿元人民币。

核工业西南物理研究院承担了其中大部分涉核项目，包括最重要的一项——超热负荷屏蔽包层"第一壁"材料的设计与制造任务。"第一壁"材料的研发每一步都是难关，但中国的科技工作者明知山有虎，偏向虎山行。核工业西南物理研究院"第一壁材料"研发团队坚持创新、一路攻坚，最终勇闯难关，创下了国际技术竞技中的"中国速度"。2016 年 12 月 12 日，由核工业西南物理研究院自主研发制造的 ITER 计划的核心部件——超热负荷屏蔽包层"第一壁"原型件率先通过了国际权威机构的认证。除了"第一壁"部件率先通过了 ITER 组织的认证，核工业西南物理研究院负责的中子屏蔽包层模块全尺寸原型件也率先通过了认证。这些展示了中国在世界聚变舞台上日益崛起的力量。

超热负荷屏蔽包层"第一壁"

俄罗斯同行在得知中国已解决"第一壁"问题后，表达了高度的关注和钦佩，并数次邀请中国团队提供技术帮助；日本、欧盟等国家和地区的组织也先后与中国团队联系，要来中国的实验室参观、学习。

中国科学院等离子体物理研究所承担了导体、校正场线圈、超导馈线、电源、诊断等采购包任务，占中国承担的 ITER 采购包任务的 73%。其中环向场导体采购包是中国科学院等离子体物理研究所承担的首个 ITER 计划采购包，也是中方第一个开工的 ITER 计划采购包，总共包括 13 根导体。ITER

计划的纵场线圈导体由于技术含量高，成为谈判初期各方竞相争取的采购包。该采购包是 ITER 计划 137 个国际采购包中少数几个由六方（欧、美、日、韩、俄、中）共同承担的采购包之一。2009 年 6 月，中国科学院等离子体物理研究所设计研制的中国第一个环向场导体实验样品 TFCN1 顺利通过国际著名的瑞士 Sultan 实验室的各项严格测试，获得认可。并且，在 ITER 国际组织对欧盟、美国、中国的四种环向场导体实验样品进行实验评估后，中国 TFCN1 的性能被认为是目前已有实验样品中性能最好的。这标志着中国的环向场导体相关技术已走在国际前沿。环向场导体生产自 2011 年 8 月 14 日开工，至 2015 年 5 月 22 日最后一根环向场导体样品实验结束，中方的全部导体实验样品均一次性通过 Sultan 实验室的测试。中国科学院等离子体物理研究所专门为超导导体的研制及其成型而新建了 4000 多平方米的铠装电缆超导导体车间和世界上第一条长达 1000 多米的穿管线。2018 年 8 月主要设备均被运抵位于安徽省淮南市的中国科学院等离子体物理研究所淮南新能源研究中心聚变工程测试中心。项目团队陆续开展安装调试工作，超导磁体馈线系统采购包项目进展顺利。中国采购包的工作进度在 ITER 计划参与方中位于前列！

高温超导电流引线是馈线系统采购包的核心部件之一。2008 年 12 月，由中国科学院等离子体物理研究所主持承担的 ITER 高温超导电流引线任务成功通过测试，最高电流达到 90000A，超过 ITER 设计所需的 68000A，也打破了此前德国保持的 80000A 的世界纪录。该部件是 ITER 协议签署以来第一个通过测试的 ITER 原型部件，该成果被列为 2008 年 ITER 五大技术成果之一。

环向场导体实物图

中国在ITER国际组织中发挥了积极作用，一批中国科学家进入国际组织中任职。其中万元熙院士任ITER科学技术委员会主席、李建刚院士任ITER国际顾问委员会成员，十几位科学家在ITER组织所属的国际评估组、专家组和工作组中担任了职务。中国以实际行动积极、认真地履行了自己的国际合作义务，为国际聚变研究做出应有贡献。中国科学院等离子体物理研究所同时是第三世界科学院等离子体物理研究中心，承担着为发展中国家培训科研人员的重任。该所也将自行研制的先进诊断设备、实验装置出口到英、日、美等发达国家。HT-7建成后不久，该研究所就将自己研制的HT-6B装置转让给了伊朗阿扎德大学，并帮助该国建立了等离子体物理实验室。随后又将

万元熙与其他ITER科技委员会委员合影

HT-6M 赠送给伊朗的科研机构。在 EAST 建成后，印度方面也开始与中国商洽购买 HT-7 装置的事宜。

## 蓄势待发的中国人造太阳

ITER 的建设是多国合作项目，具体实施不可避免地受到国际政治、经济等各种因素的影响。从 1985 年决定联合实施到 2006 年真正启动，受美国在项目中"进进出出"、苏联解体、国际金融危机等因素的影响，工程进度被拖延了 20 年的时间。正式实施至今，只有中国依计划按时完成了两大部件的设计制造并通过检测、验收，其他计划的工作都有不同程度的拖延。

中国参加 ITER 计划后，获得了 ITER 工程设计的所有内部资料和 ITER 计划所有的知识产权。参加 ITER 研究工作的中国科学家在完成工作任务的同时，还学到了大型科研项目的组织管理经验。与此同时，中国在完成自身承担的 ITER 计划的一些部件和设备的制造采购包任务的过程中，带动了国内相关技术产业的发展。中国政府支持国内开展了一系列与核聚变能研究相关的重要研究工作。中国核聚变能研究能力有了跨越式的提高。

鉴于以上情况，中国政府于 2016 年决定在参加国际合作的同时，以自己为主建造一个中国聚变工程实验堆（CFETR），目标是解决核聚变堆的工程实现的重要具体技术问题。CFETR 项目由中国科学技术大学承担集成工程设计研究。美国、德国、法国、意大利等世界聚变研究发达国家已经全面参与 CFETR 的设计，俄罗斯同行也表示未来将更加深入地参与 CFETR 计划。

CFETR 的实施将推动中国走向世界核聚变领域的中央，并成为代表中国参与全球科技竞争与合作的重要力量。未来的 10～20 年，CFETR 很可能会独立承载起迈向人类宇宙文明的希望。

CFETR 集成工程设计研究项目启动会

CFETR 建筑群效果图

# 教育先行　人才辈出

## 中科大勇闯"无人区"

　　1974 年核聚变能研究还处在可行性验证阶段，中国科学技术大学开创了全国高等院校中第一个等离子体物理专业。中国科学技术大学 1958 年 9 月创建于北京，它是一所发挥中国科学院优势，培养新兴、边缘、交叉学科尖端技术科技人才的新型大学。它的创办被称为"中国教育史和科学史上的一项重大事件"。建校后，中国科学院实施"全院办校，所系结合"的办学方针，汇集了严济慈、华罗庚、钱学森、赵忠尧、郭永怀、赵九章、贝时璋等一批著名科学家，建校第二年即被列为全国重点大学。

　　1966 年"文化大革命"开始，学校教学科研工作被迫停顿。1970 年学校迁入安徽省合肥市。学校南迁不仅导致实验及教学器材设施等硬件的巨大损失，原来依赖的"所系结合"、一流科学家直接参与指导的模式也悄然中止。学校发展的重担压到了前三届毕业留校的年轻教员肩上。在我国已经胜利完成"两弹"试验的形势下，围绕"两弹"为中心培养人才的近代物理系该向何处去？俞昌旋等四位年轻教师在几位前辈的支持下，在 1974 年勇闯"中国教育无人

俞昌旋院士

区",开创了全国高等院校中第一个等离子体物理专业。

俞昌旋院士于 1959 年进入中国科学技术大学近代物理系学习,毕业后以优秀的成绩留校任教。等离子体物理专业是一门全新的学科,学校没有任何基础,一切都从零开始。编写教材、建设实验室、和国内相关研究所建立合作等工作刻不容缓,工作量极大。俞昌旋作为主力教员,呕心沥血、废寝忘食地投入工作中。这期间,他协助项志遴教授编写的《高温等离子体诊断技术》成为国内等离子体物理界的经典著作。他完成的用于托卡马克诊断的"中性粒子能谱仪"成果获得了中国科学院重大科技成果奖二等奖。

1980 年俞昌旋作为学校遴选的第一批青年教员出国研修。1983 年回国后,他开始全面主导学科建设,确立了以等离子体物理为定位、以聚变研究为核心的专业建设方向。经过几年孜孜不倦的持续奋斗,编撰了 7 套教材,建设了不同原理的 12 个教学、实验用核聚变和等离子体诊断装置,率先在国内创建了一套完整的从本科生、硕士研究生、博士研究生到博士后的等离子体物理人才培养体系。1993 年中国科学技术大学的等离子体物理学科在国务院学位委员会组织的学位与研究生教育评估中名列全国第二(高校第一),1998 年在中国科学院组织的博士生质量评估中名列第一,2001 年被评为国家级重点学科。

1978 年恢复高考以来,中国科学技术大学每年为中国科学院等离子体物理研究所、中国科学院上海光学精密机械研究所、激光聚变研究中心等单位委托培养研究生约 30 名。中国科学技术大学成为中国等离子体物理学科人才培养的不二重镇。60% 的毕业生分布于国内核聚变能研究单位,早期的毕业生大多成为所在单位的学科带头骨干。

## 群雄并起　共育英才

随着核聚变能研究的进展，特别是中国参加 ITER 计划后，大家认识到中国核聚变能研究成功与否取决于能否建立一支世界水平的研究队伍。而在通往聚变能源利用的道路上，ITER 计划只是第一步。教育界普遍认识到中国需要培养一批等离子体物理方面的骨干人才来继承和发展聚变科学研究的事业。这支队伍将不仅能在国际合作中和聚变科学研究发达国家的同仁在科学技术方面平等合作，而且应拥有强有力的、均衡的国内实验、理论和模拟研究能力。华中科技大学、清华大学、浙江大学、大连理工大学、郑州大学、北京大学、上海交通大学、西南交通大学、国防科技大学等国家重点高校先后建立了核聚变及等离子体物理专业或研究室。各个大学根据自己的特点，在人才专业方向上各有侧重，全国形成了一张全面培养核聚变能研究各类人才的教育网。

## 院校结合　共创辉煌

为了更好地发挥高校基础科研较强和研究院所应用研究较强两方面的优势，中国科学技术大学与中国科学院合肥物质科学研究院联合建设的中国科学技术大学核科学技术学院于 2009 年 1 月成立。学院设立了磁约束聚变堆设计研究中心。该研究中心与 ITER 国际组织签订了协议，邀请了全世界最著名的专家作为该研究中心的国际顾问委员会成员；成立了国际 ITER 论坛，ITER 每年派专家来学院讲课，同时 ITER 总部每年接收 10 名年轻科技人员（包括高年级博士研究生）去 ITER 学习。

根据中国科学技术大学核科学技术学院在核聚变能研究方面的综合优

势，2011 年 3 月 17 日科学技术部决定依托中国科学技术大学成立国家磁约束聚变堆总体设计组，由中国科学技术大学核科学技术学院院长万元熙院士担任组长。国家磁约束聚变堆总体设计组的任务是协同全国著名高校和研究所进行 CFETR 工程设计。2017 年 12 月 5 日，CFETR 正式开始工程设计。CFETR 集成工程设计研究项目的实施也必将培养出一支世界水平的科技人才队伍。

## 代代相传　人才辈出

热核聚变能利用是一项对人类有重大意义的科学研究，也是截至目前，最庞大、复杂的一项科学工程。此前已经汇聚了几代科技工作者的艰辛努力和无私奉献。开展聚变研究、参加 ITER 计划和设计建造运行 CFETR 急需大批年轻的科技创新人才。汇聚青年人员的集体智慧，激发青年团队的潜能对于聚变研究发展至关重要。在 ITER 计划的带动下，中国核聚变工程技术人才团队持续壮大，集中了"千人计划"、"百人计划"和"万人计划"中的青年拔尖人才及海外留学归国人员等一批青年才俊。截至 2017 年，已有超过

李正武　　　　　　　　霍裕平　　　　　　　　俞昌旋

潘垣

万元熙介绍 EAST 装置

李建刚在 EAST 真空室工作

3400 名科学家、2700 名学生加入我国磁约束核聚变技术领域的研发团队中。每个时代都有优秀人物先后被选为中国科学院学部委员、院士，或中国工程院院士。

　　同时，许多老一代科学家在核聚变能研究的岗位上奋斗了一辈子，也没有见到人造太阳的光芒，甚至不为世人所知晓。今天的核聚变能研究人员也深深地知道，他们还有许多可预见和不可预见的难题需要解决，在托起人造太阳的征途上仍然任重道远、风险重重。但是，为了整个人类的聚变事业而舍弃个人利益、甘于奉献是核聚变能研究者的共同精神。

参与 ITER 计划后至 2017 年，我国磁约束核聚变能发展研究共部署了 119 个国内研究项目，总计安排经费约 40 亿元，取得了多项国际领先的研究成果，使中国在核聚变领域达到国际水平，甚至在某些方面处于领先的地位。CFETR 正式启动后，2018 年国家在磁约束核聚变能发展研究领域又部署了一大批项目，投资高达 70 多亿元。地球上第一颗人造太阳很有可能会首先在中华大地上升起。参与中国核聚变能研究的科学家真的很幸运，他们或许有机会将自己的名字留在整个人类的文明史上。

## "夸父"手杖造福人间

古代逐日传说中的夸父因热渴而死，他丢弃的手杖化为一片桃林，桃林漫延数千里①，滋润着后代子孙的生活。现代"夸父"的"手杖"就是他们采用的各种科学技术手段。在地球上实现持续发生核聚变的劳逊条件的环境，产生、约束高温等离子体非常困难，科学家几乎用尽了人类掌握的最先进的技术和材料。尽管核聚变能发电还没有成功，但研究核聚变能的科学家直接发明的或采用的其他领域的新技术，像夸父的"手杖"一样有力地推动了人类的科技发展。

---

① 1 里＝500m。

在我国，早期的核聚变能研究推进了我国低温、激光、计算机控制、大体积工业陶瓷、大面积单晶硅、超薄不锈钢焊接等技术的发展。

其中潘垣院士发明的高能氧化锌非线性电阻灭磁技术为中国独创，可大大缩短发电机在事故态下的灭磁时间。该项技术已在全国大中型电站得到了广泛应用，对保障中国大中型发电机组乃至电力系统的安全运行起了重要作用。

在中国成为国际核聚变能研究的先进国家后，核聚变能研究更是推动了材料、应用超导技术、大功率微波技术、复杂系统控制技术、机器人技术、低温工程等相关学科的发展。核聚变能研究也在精密制造、大型超导导体制造、激光焊接、特殊材料研发生产等工业技术方面造就了一批达到国际领先科技水平的高新技术企业。

# 06

**揭开人造太阳的面纱**

"人造太阳"是目前全世界最大的科学合作项目——ITER 计划公认的专用代名词。

ITER 建在位于法国卡达拉舍的法国原子能科研中心。其占地 180hm²，大约有 200 个足球场大。ITER 有 20 多座厂房建筑，其中最大的建筑是长 170m、宽 50m、高 50m 的托卡马克大厅。

ITER 建筑群鸟瞰图

ITER 的核心——超导托卡马克就被放置在大厅内。ITER 的托卡马克可容纳的等离子体体积达 840m³，比现在运行的最大的托卡马克 JET 大 10 倍，是中国 EAST 的 33 倍。整个超导托卡马克被罩在一个高 29m、直径为 29.4m 的柱形"大暖瓶"中。"大暖瓶"位于底座上，构成了实验堆的主体。主体总重量高达 23000t。

简单地说，ITER 就是一个通过热核聚变反应为汽轮发电机提供工作水蒸气热源的"锅炉"。只不过因为产生并控制热核聚变反应要求的条件高，这个"锅炉"比燃煤、燃油的普通锅炉和核裂变的反应堆"锅炉"复杂一些而已。实际上，ITER 不仅体积大、重量重，由于要满足实现氘-氚核聚变反应持续发生的要求，它的内部结构比航天飞机还要复杂！它有一百万个以上零件，是目前为止人类科学史上最复杂的机器之一。让我们打开这个"锅炉"，看一看它的庐山真面目。

ITER 主体——超导托卡马克的外观图

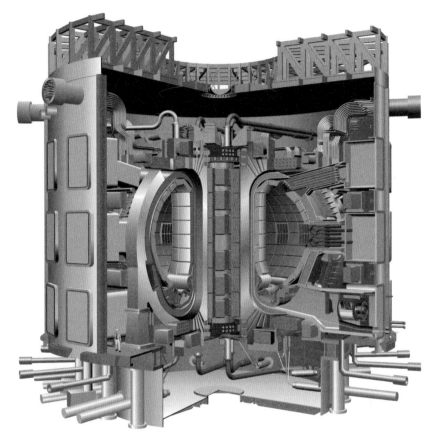

ITER 主体——超导托卡马克剖面图

# "炉膛"——真空中的磁笼

　　普通锅炉和核裂变反应堆的"炉膛"都是实体材料做成的定型容器。普通锅炉的燃料在容器中燃烧，核发电站的重核在容器中发生核裂变。核聚变反应发生时，"燃料"处于等离子体状态，温度高达 $10^8K$，任何实体都不能容纳它。在人造太阳中是将看不见的磁笼作为盛放等离子体的容器，作用相当于普通火炉的炉膛。

ITER 的磁笼置于一个中心半径为 6.2m，截面半径为 2m 的 D 形截面的圆环内。ITER 每次放电"燃烧"的氘、氚量只有 1g（常温下只有 10 滴水珠大小）左右，每次放电"燃料"只"燃烧"1000s。要保障这个条件，ITER 反应区内的真空度要达到 $2 \times 10^{-5}$ Pa，相当于常温常压下气体密度的几万分之一。要保障核聚变反应持续进行，在整个放电过程中，磁笼内都必须维持这个真空水平。为此，ITER 设计了一个外径为 19.4m、高为 11.3m 的真空室，磁笼被放置在真空室的中心。基于放电时投入"燃料"、注入外部能量、清理"炉渣"和测量等离子体状态的需要，真空室的外侧面开了近 50 个"窗户"。

与太空站、宇宙飞船等太空设备相比，人造太阳的真空室的密封要求更高。太空设备对真空密封的要求是在外部高真空的环境下，保障站内正常的地球气压。人造太阳的要求正相反，是在高气压环境下，保障大容器内的高真空。这相当于一个是在高空飞行的飞机，一个是在深海游弋的潜艇，两个对密封的要求都很高，但飞机密封出现的问题只要不是大规模漏气，采取一些补救措施就仍能保障工作；潜艇漏水则会造成无可挽回的艇毁人亡的大事故。对于人造太阳那么大的真空室，如果有一个比针尖还要小的漏气孔，装置就会立即停止工作。

ITER 对抽空能力和真空室的密封要求是到目前为止科学家遇到的人造真空空间的最高要求。ITER 的真空泵组采用了最新的、具有强大的抽气能力的低温真空泵技术。

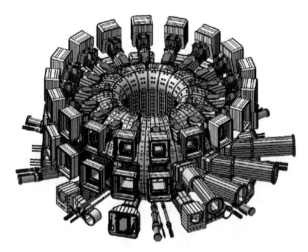

ITER 真空室

同时，为了保障聚变反应能够发生，真空室内的"燃料"要十分纯净。除了"燃料"以外，一点点杂质就会影响反应的效率，甚至导致无法正常发生反应。为满足真空度的要求，需要对真空室的内壁做特殊处理，避免内壁材料逸出杂质粒子。各国科学家在自己的实验装置上做了大量实验，已经有了一系列有效的抑制杂质的技术。

ITER 的磁笼是由 16 个巨大的与真空室截面垂直的超导纵场线圈产生的环形磁场和等离子体电流磁场形成的环形螺旋场共同构成的。和普通火炉及核裂变反应堆不同，核聚变反应堆的燃料不会老老实实地在"炉膛"里"燃烧"，它随时可能从"炉膛"逃逸使"炉子"熄火。所以，人造太阳的磁笼不是固定不变的，而是要根据"火龙"的情况和行为随时做相应的调整。在 ITER 的主体中，在环向场线圈外侧设置了 6 个极向磁场线圈，放电时，通过调整极向场线圈的电流来改变磁笼的截面形状，以约束高温等离子体的平衡。

ITER 是全超导托卡马克，产生磁场的磁场线圈和磁体都在 4.5K 的极低温度下工作，因此对磁体的材料、制造工艺、接线技术都有极高的要求。ITER 的超导磁体是目前世界上最大的超导磁体，中国承担了它大部分的研制工作。

ITER 的超导磁体示意图

## 吸热的"锅底"——屏蔽包层

在核聚变锅炉的"炉膛"——真空室的磁笼中，被约束的等离子体在不断"燃烧"并向外喷发能量。普通燃煤、燃油锅炉的炉膛向外喷发的是温度为几千摄氏度的火焰，在这种温度下，许多导热性良好的金属都能保持固有的形状，金属的锅底吸收火焰的热量，并传递给锅里的水，将水加热成水蒸气。核聚变"炉膛"中"燃料"的温度高达 $10^8$K，"炉膛"向外喷发的是高速中子和电磁波。高速中子和电磁波首先轰击的是真空室的内壁，真空室的内壁也因此被称为反应堆的"第一壁"。在"第一壁"中，聚变反应辐射中子的能量被转化为热能。"第一壁"抗辐射、耐高温，能快速将热量传输出去，是整个装置的"防火墙"和能量转换器。ITER 放电时，"第一壁"要承受每平方米 4.7MW 的热量。这么高的热量可以瞬间将 1kg 的钢铁融化。我们知道的所有单一物质，包括最耐高温的钨，都经受不住这种高温。中国科

学家用创新工艺制造的由紧密结合的三种材料组成的"三明治"结构，解决了"第一壁材料"的难题，这种材料经受住了比设计标准还高 20% 的极端高温环境的考验。

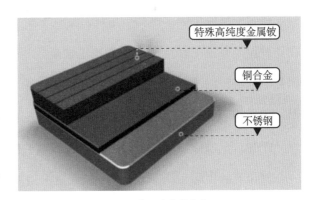

特殊高纯度金属铍

铜合金

不锈钢

ITER 第一壁材料结构

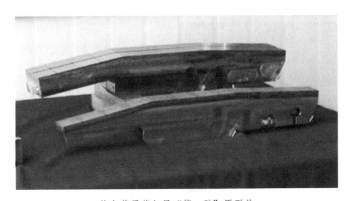

热负荷屏蔽包层"第一壁"原型件

"第一壁"中直接面对"炉膛"的材料使用的是高纯度金属铍，主要目的是和"炉膛"喷发的中子产生核反应，生成聚变锅炉的主要"燃料"——氚。

## "炉箅子"——偏滤器

核聚变反应堆的"燃料"是氘、氚原子核，聚变"燃料"以等离子体态在"炉膛"——主真空室中的磁笼里燃烧，"燃烧"后的"炉渣"是反应产物氦原子核，以及混在"燃料"中的其他杂质。像普通锅炉一样，炉渣不排出，炉子就不可能持续燃烧。普通锅炉的炉渣通过炉箅子落到炉底，再被清理。ITER 的"炉箅子"是安装在真空室底部被称为偏滤器的部件。偏滤器像一个倒扣着的大漏斗。带电的"炉渣"轰击偏滤器壁，变成中性粒子，紧接着就被抽气泵抽走，这个抽气泵起的作用相当于火钳。

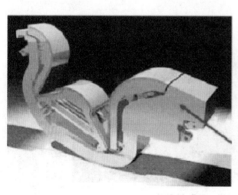

ITER 的偏滤器

核聚变反应的"炉渣"氦原子核也有很高的运动速度和温度。同时，反应炉的高速中子也会有一部分穿过磁笼进入偏滤器中。偏滤器一定要经得住这些高速粒子的轰击，并把"炉渣"的热量传走。对偏滤器材料的要求，虽然没有对

"第一壁"材料的要求高，但也是十分苛刻和严格的。

ITER上安装了54个偏滤器，偏滤器表面是以钨为底块的材料。由于放电时，偏滤器不断被高速粒子轰击，因此其寿命有限，需要经常更换。偏滤器的结构也十分精致与特殊，以便于在高真空环境下方便地拆卸与安装。

# 加热的"鼓风机"

普通锅炉为了提高锅炉的效率，都要往炉膛中鼓风，实际上是送氧气，加快燃料的燃烧。在托卡马克基本装置中，依靠的是等离子体中产生的环向电流的欧姆加热等离子体。但是，只用欧姆加热，等离子体的温度远远达不到能发生核聚变反应的要求。后期的托卡马克装置都采用从外界向等离子体中注入能量的方法来提高等离子体的温度。在这里，注入能量的工作相当于普通锅炉的鼓风送氧。由于带电粒子不能进入磁笼中，对托卡马克中的等离子体加热只能由能够穿过磁笼的电磁波和中性粒子完成。送进磁笼的电磁波和中性粒子自身的温度必须高于等离子体的温度，才能产生提高等离子体温度的效果。

ITER依靠分布在装置外面的4个10MW的强流粒子加速器，1个20MW的射频波系统，分别对等离子体进行中性粒子加热和射频加热。这几个系统对于ITER来说只是辅助设备，但要求很高，订制的设备分别采用了目前最顶尖的粒子加速器和连续大功率毫米波技术。

德国 ASDEX 真空室内的射频天线

## 十层楼高的大"暖瓶"

ITER 的主体全超导托卡马克装置工作时有两个极端温度。一个是被约束在磁笼中的等离子体高达 $10^8$K 的极端高温；另一个是形成磁笼的超导磁体的所有部件都需要保持的 4.5K 的极端低温。托卡马克内部各部件因受到核聚变反应产生的高速中子轰击，温度有不同程度的上升。

为保证超导磁体的正常工作，ITER 用一个特大的低温恒温器把各超导磁体罩住。低温恒温器就像一个复杂的"大暖瓶"，保障分散在主体内部的二十几个超导磁体保持在 4.5K 的工作温度。这个"大暖瓶"直径为 29.4m，高

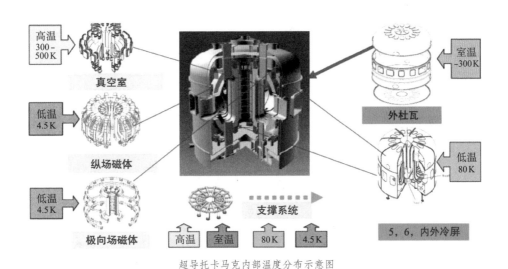

超导托卡马克内部温度分布示意图

为 29m，容积为 $16000m^3$，重 3800t，是 ITER 最大的部件。"大暖瓶"也是
至今最复杂的低温恒温器，它的内部有多个隔离体，把真空室分为内真空室
和外真空室。内真空室要保持太空级的真空水平，它的内部是被磁笼约束的
温度高于 $10^8K$ 的等离子体。外真空室安放着包括超导磁体线圈在内的装置的
各种部件。

ITER 的低温恒温器

# 剖析"火龙"的诊断系统

ITER 反应堆在工作时，需要随时掌握"锅炉"的工作情况，以及"火龙"的状态。为此，ITER 配备了大约 40 种大型等离子体诊断测量系统。这些诊断装置都是专门为 ITER 研制的，全部被安置在托卡马克装置的四周。它们像医院里为患者做全面检查的仪器，测绘"火龙"从出现到消失过程中每一个时间段的剖析图和各个部位的参数，再上传到 ITER 的计算机控制系统中。计算机控制系统通过对这些测量数据进行分析，得到装置工作情况和"燃烧"效果的关系，为未来的工程堆设计和控制提供科学依据。

# 高精度的自动控制系统

托卡马克放电时，各系统的各部分必须严格按照预先设置的程序，先后投入工作并达到设定的指标。在主体里的真空状态、温度分布等基本工作条件满足实验要求的前提下，按下放电启动按钮，系统按预定的时间程序对二十几个超导线圈供电、投入"燃料"、注入外部能量、清理"炉渣"等。在放电过程中还要对诊断系统输出的数据及时进行计算，从而得知等离子体的存在状况，根据分析结果，在一定范围内自动对某些工作参数，即磁笼的形状和各点的磁场大小进行调整，以期达到最佳的实验效果。由于整个放电过程中，等离子体存在时间不长，变化很快，控制对象又都是极大的电流、磁场，因此对控制系统的要求十分高。ITER 的控制系统就是一个大型的计算机网络系统，控制中心的建筑占地近 2000m²。

HL-2A 控制系统

HL-2A 中央控制室 大屏幕中显示的是环形真空室内部高温等离子体

ITER 建造成功以后，只要开始调试、进行放电，就会产生大量高能中子和 γ 辐射，强烈的辐射会造成本体内一些材料的元素被激活而具有放射性。这对人体有致命的危害。ITER 建成以后，本体内所有的调整和维修都是由远程控制的机器人或机械手完成的。实际上，在组装 ITER 过程中就有许多艰巨、繁重而危险的工作不可能由人力直接完成，在组装过程中已经在大量使用机器人。

安装时承担精密焊接工作的机器人

## 其他基本辅助设施

园区的常规用电由当地的发电厂通过高压输电专线供应，园区只配备了变电所。托卡马克放电时需要为装置提供功率极高的脉冲电流，为此，在 ITER 项目设计中包括了建设大型脉冲发电厂。托卡马克放电时提供给各个磁场线圈的电流大小、时间及放电过程中的变动各不相同。紧靠脉冲发电厂的两个大厂房是磁场能源变电所，它将脉冲发电厂提供的电流变换成 8 套具有不同作用和特点的磁场电源。

ITER 是超导托卡马克装置，因此低温源是必不可少的。ITER 项目中包含了建设大型低温系统，低温车间也占了两个大厂房。

放置大型高真空系统、辅助加热系统、计算机网络机房、控制系统、大型供水（包括去离子水）系统等的建筑也都围绕在主建筑四周。

ITER 实验的一个主要任务是实现"燃料"氚的自供应，因此在紧靠主建筑的边上建立了大型的氚生产车间。

脉冲电源、超高真空、低温生产、氚生产等设备在 ITER 项目中都只是辅助设备，但它们的技术和规模都达到了各自领域中的国际最高水平！

# 07

## 人造太阳
## 工程展望

# 曙光在前路漫漫

ITER 计划已经在实施之中，按构想，ITER 将成为一个能稳定输出能量的核聚变反应堆。如果能在 20 年内达到 ITER 计划的目标，我们就可以说人造太阳在地平线上冉冉升起了。

建造 ITER 的主要目的是实现高功率增益因子条件下的长脉冲稳态运行，具体要达到的指标是在 $Q > 5$ 时，等离子体持续燃烧时间大于 3000s。ITER 的体积大小是科学家根据已成功运行的托卡马克装置的实验结果总结出来的规律，推算能稳定输出能量的指标从而设计出来的。但是，ITER 的等离子体体积比现有的最大的托卡马克装置 JET 大 10 倍，比全超导托卡马克 EAST 大 33 倍。一次放大这么多倍，原来的规律还有效吗？如果规律有效，又该如何稳定地控制它呢？建造 ITER 的另一个目的是检验各个部件在核聚变环境下的性能和大规模发展本地制氚技术。这些都是 ITER 建成运行后对科学实验人员的挑战。尽管国际上的主流看法是成功的概率较大，但没有一个人认为实验会是一帆风顺的，这中间肯定还有许多问题需要解决。

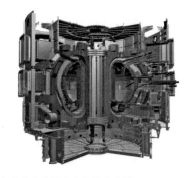

EAST、JET、ITER 三个托卡马克装置大小比较示意图

人造太阳从地平线上升起，还要经过工程示范堆、原型电站的开发阶段。这两个阶段主要解决实际应用核聚变能的工程技术方面的问题。可以预见，这两个阶段要解决的难题仍然不少，如怎样实现反应堆"燃料"氚的生产，以满足反应堆的持续运行；怎样保障核聚变堆内各部件具有足够长的使用寿命；怎样输出核聚变能并使其被高效地转化为热能；等等。

现代"夸父"的目标似乎已触手可及，不过面前还有一大段艰难坎坷的路程!

## 脚踏实地勇向前

经过 60 余年的坎坷征途，研究者对核聚变能应用研究的艰巨性、复杂性早就有了清醒的认识。科学家秉承脚踏实地的精神，走好每一步，夯实每一个基础。一方面开展基础研究，将核聚变的控制原理摸索清楚；另一方面引用、掌握所需要的各种高精尖工程技术，做好各方面的技术储备。

在合作建造 ITER 的基础上，各国都提出了各自的核聚变能开发计划，中国更是走在了世界的前面，于 2017 年 12 月正式启动了 CFETR 建造项目。CFETR 是一个介于实验堆和商用堆之间的工程堆，它将在消化吸收 ITER 相关技术的基础上，完善建设商用聚变堆的工程技术问题。CFETR 计划于 2021 年开始建设；2035 年建成聚变工程实验堆，开始大规模科学实验；到

2050 年，在聚变工程实验堆实验成功的基础上，建设聚变商业示范堆，完成人类能源实用化的终极示范工程。

## 梦想实现指日待

核聚变科学家经过近 70 年的努力，已经从核聚变理论、技术路线方面证实了研制人造太阳的科学性和可行性，现在已经进入原理性验证的最后一关。只要关于 ITER 的实验证实托卡马克磁约束等离子体装置能有效控制核聚变反应稳定地输出能量，那么余下的问题都将是具体工程技术方面的问题，假以时日终会解决。

我们也注意到一批科学家还在其他的途径上进行着持续的探索，他们目前遇到的问题主要是现有技术的限制不能满足产生核聚变反应产生的条件。随着人类高精尖技术的发展，如高温超导技术、材料技术、超精加工技术的突破，除了托卡马克磁约束方式以外，其他的约束方式也将可能制造出人造太阳。

经过几代科学家的持续努力，我们已经能见到人造太阳的曙光。人们有充分的理由相信，在不久的将来，第一个人造太阳会在地球上升起，开启新一轮的能源革命。世界各地将逐步建造越来越多的人造太阳，人类再也不用担心化石能源枯竭和使用化石能源所带来的环境污染。我们将进入一个天更蓝、地更绿、水更清、山更秀的美好世界！

# 托起太阳待后生

人造太阳是 19 世纪以来的一个特殊的大型科技项目，从 20 世纪 50 年代提出项目到今天，经过全球几代科学家的无私合作和不懈努力，人们已经看到了成功的希望。但是，后面的研究中还会有许多难题需要去解决。按最乐观的估计，人造太阳要到 2050 年才能初步被研制成功，也就需要更多的年轻人投身到这项伟大的事业中来。

制造人造太阳是一个为全人类造福的项目。想到它可以使人类彻底远离环境污染、生态破坏和能源危机带来的困扰，我们就会为自己从事的工作而自豪。今天，在中国，参加核聚变能研究的年轻人是幸运的，他们赶上了核聚变能研究最好的时间，经过几代前辈的努力，人造太阳距离成功只有一步之遥。国家的重点扶持措施也让投身于这项工作的青年人不再有研究经费不足、研究条件差、个人待遇低、生活艰苦的问题。但是，我们也要知道在科学上没有平坦的大道，只有不畏劳苦，沿着陡峭山路攀登的人，才有希望达到光辉的顶点。在工作上来不得半点虚假，特别是要克服任何浮躁的、急功近利的想法，要能经得住外界的各种诱惑，像毕生投身于核聚变能研究的前辈一样，沉下心来做好一辈子奋斗的准备。

一位参与 ITER 工作的普通科技工作者说："我现在觉得，可能我奉献整个职业生涯也看不到 ITER 产生令人满意的等离子体。我不会因此沮丧，在我之前已经有很多科学家为同样的目标努力，也没看到目标实现。为人造太阳奋斗的科学家的梦想是能源独立。我们可能不会看到这个梦想实现，但是我每天上班时都不禁暗喜，我知道，我们离人造太阳之梦又近了一天，而其中有我的一份功劳。"

逐日之路仍漫漫，期待年轻的你加入这一征程，你们是托起人造太阳的希望!

本书图片部分来源于网络，因条件限制无法联系到版权所有者，我们对此深感抱歉。为尊重创作者的著作权，请您与我方联系。

科学出版社

电话：86（010）64003228

邮编：100717

地址：北京东黄城根北街 16 号